写给孩子的

趣味几何学

ENTERTAINING GEOMETRY

Я.И.ПЕРЕЛЬМАН

[俄] 雅科夫·伊西达洛维奇·别莱利曼 ◎著
甘平 ◎译

对培养孩子学习兴趣
有巨大贡献的科普经典

WUHAN UNIVERSITY PRESS
武汉大学出版社

图书在版编目（CIP）数据

写给孩子的趣味几何学/（俄罗斯）雅科夫·伊西达洛维奇·别莱利曼著；甘平译. —武汉：武汉大学出版社，2019.11

ISBN 978 - 7 - 307 - 21054 - 7

Ⅰ. 写… Ⅱ. ①雅… ②甘… Ⅲ. 几何学—少儿读物 Ⅳ. O18 - 49

中国版本图书馆 CIP 数据核字（2019）第 152158 号

责任编辑：黄朝昉　牟　丹　　责任校对：孟令玲　　版式设计：新立风格

出版发行：**武汉大学出版社**　　（430072　武昌　珞珈山）

（电子邮箱：cbs22@whu. edu. cn　网址：www. wdp. com. cn）

印刷：固安县保利达印务有限公司

开本：710×960　　1/16　　印张：17　　字数：200 千字

版次：2019 年 11 月第 1 版　　2019 年 11 月第 1 次印刷

ISBN 978 - 7 - 307 - 21054 - 7　　定价：48. 80 元

前　言

雅科夫·伊西达洛维奇·别莱利曼（1882—1942），出生于俄国格罗德省别洛斯托克市。别莱利曼出生的第二年，父亲便去世了，但他从身为小学教师的母亲身上获得了良好的教育。17 岁他就开始在报刊上发表作品，当时的人们迷信流星雨是即将毁灭人类的火雨，别莱利曼针对流星雨写下了《论火雨》的科学论文，他指出人们口中的火雨不过是一种正常的天文现象，即狮子座流星雨，它会定期地出现。

1909 年别莱利曼毕业于圣彼得堡林学院，毕业以后他就全力从事教学与科普作品的写作。1913 年发表了《趣味物理学》，这为他后来相继完成一系列趣味科普读物打下了基础。1919—1923 年，他创办了苏联第一份科普杂志《在大自然的实验室里》并担任主编。1924—1929 年，他在列宁格勒（即圣彼得堡）《红报》科技部任职，兼任《科学与技术》《教育思想》杂志的编委。1925—1932 年，担任时代出版社理事，组织出版了大量趣味科普图书。1933—1936 年担任青年近卫军出版社列宁格勒部顾问、学术编辑和撰稿人。1935 年，他创办和主持列宁格勒"趣味科学之家"，开展广泛的少年科学活动。在反法西斯侵略的卫国战争中，还为苏联军人举办军事科普讲座，这也是他为科普生涯做出的最后奉献。1942 年 3 月 16 日，别莱利曼在列宁格勒溘然长逝。

1959 年苏联发射的无人月球探测器"月球 3 号"在月球上拍摄了第一张月球背面的照片，人们将其中的一个月球环形山命名为"别莱利曼"环形山，以此来纪念这位为科学奉献一生的科普大师。

尽管别莱利曼在生前没有任何科学发现，也没有得过什么荣誉称号，但他是一位特殊意义的"学者"，趣味科学的奠基人。他一生发表了 1 000 多篇文章，共写了 105 本书，其中大部分是趣味科普读物。他的趣味科普系列图书在俄罗斯就出版几十次，并且被翻译成多国语言，至今仍在全世界畅销，深受读者的喜爱。虽然别莱利曼从没把自己当成作家，但无疑他是一位享誉全球的科普作家，他的作品出版量是无数作家难以企及的。

别莱利曼的文笔流畅优美，他将文学语言与科学语言完美地结合起来，善于将科学理论用生动趣味的形式表现出来。凡是读过他的科普读物的读者无不被他的作品所吸引，人们不觉得是在学习知识，而是在欣赏妙趣横生的故事。他的作品堪称具有严谨科学性和优美趣味性的科普教科书。

本书不仅是写给数学爱好者的，更是写给对数学丝毫不感兴趣的读者。这本书还是写给学过数学或者正在学校里学习数学，但是在生活中基本没有运用过数学的人。

有许多热爱旅行、热爱露营的读者朋友，在遇到困难时，第一时间会想到找人求助，却没有意识到根据自己所学的几何学知识，自己就足够解决困难。作者写本书的目的不仅是帮助读者朋友们掌握更多更实用的几何学知识，更是想要激发起读者的兴趣。所以作者将几何学从学校的黑板上搬到户外，在森林里，原野上，小河边，黑暗的大船上……作者天马行空地做几何习题。

别莱利曼把读者的注意力吸引到儒勒·凡尔纳、托尔斯泰、契诃夫和马克·吐温的篇章上去，更是从果戈理和普希金的著作里找出几何问题的材料。还向读者提出各种各样的几何学问题，内容新颖别致，过程耐人寻味，结果出人意料。

本书通过人们在大自然中经常会遇到的路程、面积的测量，方位的判定等许多问题，以及在一些著名的文学作品中摘引出来的类似问题，启发读者的阅读兴趣，指导读者学习几何知识的同时，帮助读者解决生活中的实际问题。

最后需要说明的是，由于年代所限，书中的一些数据是作者当时所能得到的最新数据，经过几十年的发展和科学家们的不懈努力，现在很多数据已变得过时。

目　　录

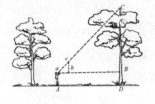

Chapter 3　旷野中的几何学 /063

Chapter 4　路途中的几何学 /091

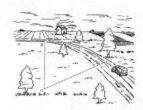

Chapter 5　不用公式和函数的旅行三角学 /109

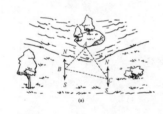

Chapter 6　天与地在何处相接 /125

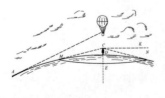

Chapter 7　鲁滨孙的几何学 /141

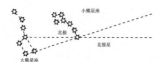

Chapter 8　黑暗中的几何学 /149

Chapter 9　圆的今昔 /171

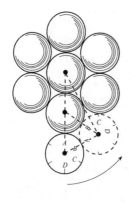

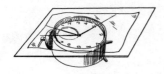

Chapter 12　几何经济学 /237

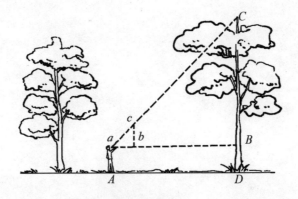

Chapter 1
树林中的几何学

1.1　利用阴影测量物体的高度

在我还很小的时候，曾在树林中遇见一位秃顶的看林老人，只见他在一棵大松树下摆弄着一个四方木板样子的仪器，我很好奇地问他在干什么，他回答说他正在用仪器测量松树的高度。我原本以为他要带着那个小巧的仪器爬上树梢去量树高，然而他丝毫没有上树的意思，反而把那台小仪器放回自己的口袋中，然后对大家说他已经测量完毕。

那时的我对此感到十分惊奇，要知道，对于当时年幼无知的我而言，测量树高的方法应该只有把树砍倒或者费力爬上树梢测量这样的笨办法，但是这位秃顶的看林人仅仅用一个小仪器就测量出大松树的高度，这简直是神奇无比的魔术！

上学以后，我学习到了一些几何学基本原理，才终于明白小时候百思不得其解的奇妙魔术不过是对最基本原理的简单运用罢了。

运用几何学基本原理来测量物体高度的方法数不胜数，其中最古老的测高法便是古希腊哲学家泰勒斯利用阴影对金字塔进行测高的方法。

公元前 6 世纪特殊的一刻，人在太阳光投射下的影子长度与人的身高相等。正是这一刻，在埃及最高的金字塔脚下，在疑惑的法老和祭司们面前，泰勒斯完成了对宏伟金字塔测高的任务。因为在那个时刻，金字塔投下的阴影长度正好与其高度相等，泰勒斯通过测量阴影的长度得到了金字塔的高度。

泰勒斯巧妙利用三角形的一个特性，借助阴影解决了测量金字塔高度的难题。而关于三角形的其他特性，大约在公元前 300 年，被另一位希腊数学家欧几里得发现，并撰写出一部著作，成为两千年来人们学习几何学必不可少的教材。一些今天我们每一个中学生都熟知的定理，其实都来自这部书，也正是有了泰勒斯、欧几里得这样无数前人的努力，才使得我们现在能站在巨人的肩膀上去看待和思考这些问题。

对于现在的中学生来说，泰勒斯当年使用的方法其实非常简单，它包含了三角形的以下两个特性（泰勒斯发现了其中的第一个特性）：

（1）等腰三角形的两个底角相等。反过来，如果一个三角形有两个角相等，那么这两个角所对应的两边也相等。

（2）任意三角形的三个角的角度之和为180°。

依据这两个特性，泰勒斯推定出，当一个人的身影和他的身高等长时，太阳光应该正以45°角投射到平地上。因此，金字塔的塔尖顶点、塔底中心点和塔的阴影端点之间正好构成了一个等腰直角三角形。

这个方法在晴朗的日子里对独立的树木进行测量十分方便，但是有很大的局限性。一方面，如果在树木林立的树林里测量，树木的影子往往会与旁边树木的阴影重叠在一起，不便于测量。另一方面，在一些高纬度地区，太阳经常低垂于地平线上，很难等到合适的测量时机（此时人的影子长度与身高相等），只有等到夏季的正午时分，才可使用这个方法。

当然，只要将上面的方法略加改进，我们并不一定非得等到那个特殊时机才可测量。在测高时，先测量出所测物的阴影长度，然后测出自己的身影或者一根木杆的阴影长度。这样，根据它们之间的比例计算就可得到所测物的高度了（图1–1）：

$$AB: ab = BC: bc$$

这个式子之所以成立，正是利用了相似三角形 ABC 和 abc 的相似性原

图1–1　用阴影测量树的高度

理，简单说来，就是树影长度是你身影长度的几倍，树高也就是你身高的几倍。

我们应该真正掌握这其中的几何学原理，而不是死记规则。因为在另外一种情况下，这个规则就不适用了。如图 1 - 2 所示，在路灯灯光投射出阴影的情况下，木柱 AB 比木桩 ab 大约高出 2 倍，然而木柱的阴影 BC 却要比木桩 bc 的阴影多出约 7 倍。这是因为太阳光线和路灯光线并不一样，路灯是点式光源，所以其光线是发散的，而太阳光线则是彼此平行的。

图 1 - 2   在什么情况下不适用这种测量方法

你也许会疑惑，太阳光线在放射出的瞬间就已交织在一起，又怎么判断出太阳光线是平行的呢？的确，从理论精确的角度讲，太阳光线的确存在角度，只是这个角度小得几乎可以忽略不计。举这样一个简单的几何学计算就能证明。假设从太阳某点放射出的两道光线，落在了地球表面相距 1 千米的两个地点，有一把无限大的圆规，我们可以把圆规的一只脚放在发射光线的那个点上，另一只脚以日地距离（即 150 000 000 千米）为半径画一个圆。通过计算，两道光线半径之间的圆弧长度达到 1 千米。而画出的这个巨大的圆的周长应为 $2\pi \times 150\,000\,000 \approx 940\,000\,000$ 千米。该圆周每一度的弧长都是圆周的 $\dfrac{1}{360}$，长度约为 2 600 000 千米；一弧分是一度的

$\frac{1}{60}$，也就是 43 000 千米；而一弧秒则是一弧分的 $\frac{1}{60}$，也就是 720 千米。

而我们假设的圆弧长只有 1 千米，因此，与之对应的角只是 $\frac{1}{720}$ 弧秒。再精确的天文仪器，也难以测量如此微小的角度。所以，在测量的实践中，我们完全可以把太阳光线看作是彼此平行的直线。

不过，在运用这个方法进行实际测量的时候，还存在一个问题。由于太阳并不是一个点状光源，而是由无数点及其放射出的光线所组成的巨大发光体。所以太阳光投射出的阴影尽头总有一道轮廓模糊、颜色暗淡的半影，我们总是很难确定其界限，所以无法做到完全精确地测量出阴影的长度。如图 1-3 所示，树影 *BC* 段后面就有一段半影 *CD*，而半影 *CD* 与树顶 *A* 形成的角度与我们平时看太阳圆面时所夹的角度其实是相等的，叫作半度。因此即便在太阳所处位置并不低的时候，有时因这两个阴影测量的不精确所带来的误差也可能达到 5% 及以上，有时再加上地面不够平坦等不可避免的因素，使得误差更大。因此，在一些诸如山区的地方，阴影测高法不建议采用。

图 1-3　形成的半影

1.2　两个简单的方法

除了利用阴影，我们还有其他办法可以简单快捷地测量出物体的高度吗？答案是当然有。只要掌握了几何学的基本原理，我们就可以组合出千变万化的测量方法，下面再介绍两种比较简单的方法。

第一种方法是自制简易测量仪。需要的材料有：一块一面光滑的木板，一张纸，一支笔，三枚大头针，一个小重物。这些材料十分简单，即使是野营时都不难找到。找齐材料以后，需要在木板光滑的一面上画一个等腰直角三角形。这时

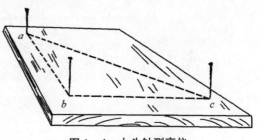

图 1-4　大头针测高仪

如果你身边并没有能画出直角的三角板或者可以画出等边的圆规，你可以把纸片对折两次，从而得到一个直角，再利用这张得到的纸三角量出相等距离。总之，开动你灵活的脑筋，办法总是多种多样的。当等腰直角三角形画好以后，就把三枚大头针分别钉在三角形的三个顶点上，测量仪的制作就算完成了（图 1-4）。

需要注意的是，应该在离被测树木有一定距离的地方，手持仪器，在 a 点上绑一根下端系有小重物的细线，使得三角形的直角边 ab 始终与地面平行。然后，人靠近或者远离树，通过移动找出点 A（图1-5），使得当从点 A 经 a 和 c 朝树顶 C 方向望去时，刚好无法看到树顶 C。这意味着此时直角三角形的斜边（也称作弦）ac 的延长线通过了点 C。即 a、B、C 构成直角三角形，而 $\angle a = 45°$，所以 $aB = BC$。

又因为 $AD = aB$，所以你只需在平地上量出你与树木之间的距离 AD，再加上与你身高相等的 BD，就可得到树高 CD 了。

如果制作仪器对你来说有点麻烦，下面还有一种更简单的方法。不用制作仪器，你只要找到一根长木杆，把它垂直插入地里，使其露在地面上的高度等于你的身高。但是你需要选择这样一个插杆地点，如图 1-6 所示，当你面朝上躺在地上时，应该可以看到树顶和木杆顶端在同一直线上。因

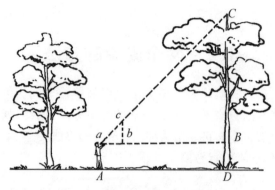

图 1-5　使用大头针测高仪测高

为这时三角形 *Aba* 是等腰直角三角形，所以通过测量 *AB* 就可得到所求的树高了。

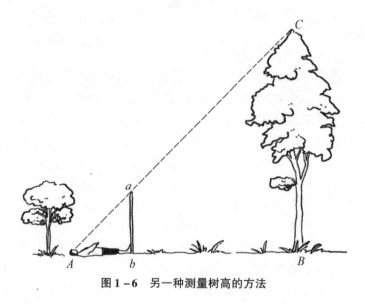

图 1-6　另一种测量树高的方法

1.3　儒勒·凡尔纳的巧妙测高法

作家儒勒·凡尔纳曾在其著名小说《神秘岛》中，生动地介绍过一种巧妙的测高法。

工程师对哈伯特说:"走,我们今天得去量一下那个眺望岗的高度。"

"需要带上什么工具吗?"哈伯特问。

"不需要,什么都不需要带。今天我们要用另外一种同样简便又准确的方法。"

哈伯特是个好学的年轻人,他希望尽可能多地学些东西,于是他跟着工程师,走下了花岗岩壁,往岸边方向走去。

工程师用一根长的直木杆与自己比对,他要再确认一下木杆的长度是否与自己的身高相等,尽管他对自己12英尺(1英尺=0.304 8米)的身高不可能不了解,但这也是为了测量能更加精确。

哈伯特拿着工程师之前让他拿着的一个悬锤,跟在工程师身后。说是悬锤,那其实就是一块系在绳子下端的小石块。

两个人走到离花岗岩壁大约还有500英尺的地方时,工程师把木杆插入沙土里,大约有2英尺深。在固定好木杆后,他又用悬锤调整木杆,使它垂直在地面上。

接着,他在离木杆有一段距离的沙地上躺下,眼睛正好可以看到木杆的顶端以及峭壁的边缘在同一直线上(图1-7)。在躺下的地方他仔细用木橛做了一个记号。

图1-7　儒勒·凡尔纳小说里主人公在测量岩壁的高度

"你知道几何学的基本常识吗?"工程师起身问哈伯特。

"嗯,知道。"

"那你记得相似三角形的特性吗?"

"它们的相对应的边成比例。"

"对的!我正在试图构造两个相似的直角三角形来帮助我们完成测量。你看到没有,我把这根垂直的木杆作为小三角形的其中一条边,而木橛与杆脚之间的距离是另外一条边,至于弦则由我的视线充当,对了,我的视线还是大三角形的弦,它们两者在同一直线上。至于大三角形的另外两条边,分别是我们要测量的岩壁高度,还有从木橛到岩壁脚之间的距离。"

"哦,我知道了!"哈伯特激动地大喊,"木杆和岩壁的高度之比,不正是木橛分别到木杆和岩壁脚之间的距离比吗!"

"你说得完全没错,就是这样。所以我们根本不需要直接去测量岩壁的高度,只要我们通过测量得出比例算式中的前面三个项,也就是你刚刚说的两个距离,以及木杆的高度,我们完全可以通过计算得到我们所需要的岩壁高度,因为那正是比例算式中的第四个未知项。"

两个水平距离测量的结果分别是:小三角形的一边为 15 英尺,而大三角形的一边为 500 英尺。

结束测量后,工程师记录如下:

$$15 : 500 = 10 : x$$
$$500 \times 10 = 5\ 000$$
$$5\ 000 \div 15 \approx 333.3$$

所以计算可得岩壁高度约为 333 英尺。

1.4 侦察兵的测高法

上面我们介绍的几种测量高度的方法,都要求人必须躺在地上,有时并不太方便。在伟大的卫国战争时期的侦察兵就使用了一种不需要躺下就可以测量高度的方法。

在战争前线,当时的中尉伊万纽克的分队接到一个命令,必须如期在一条河上造出一座桥。造桥需要大量木材,然而河对岸已被法西斯占领,中尉只能派出由上士波波夫率领的侦查小组前往附近的一片树林去测量常见树木的直径及高度，以算出架桥所需要的树木总数。

　　侦察兵们选了一棵树，借助一根测量的木杆，就完成了测量（图1-8）。

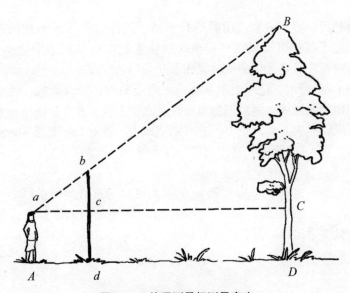

图1-8　使用测量杆测量高度

　　在距离被测树木不远的地方，侦察兵把一根比自己稍高的木杆垂直插入地下。接着面朝大树沿着 *Dd* 的延长线往后退，直到自己面朝树顶刚好可以看到木杆顶端 *b* 与树顶 *B* 在同一直线上的 *A* 点为止。然后头部不动，眼睛望向水平直线 *aC* 的方向，在木杆和树干的 *c*、*C* 两点做好标记。

　　于是根据相似三角形 *abc* 和 *aBC* 的对应关系，列出比例式

$$BC : bc = aC : ac$$

计算出：

$$BC = \frac{bc \times aC}{ac}$$

　　其中，*bc*、*aC* 和 *ac* 的距离都可直接测出，进而计算得到 *BC* 值，再与可直接测得的 *CD* 相加，便得到树木的高度了。

　　正是依靠侦察兵这种简便准确的方法，得到了架桥所需的树高数据，中尉得以及时确定架桥地点和方式，架桥的战斗任务也得以如期顺利完成。

1.5 笔记本测高法

灵活利用一些日常生活用品进行测高，往往会有意想不到的效果。你有没有试过用那种可以装在口袋里的袖珍笔记本（笔记本沿边插有铅笔）进行测量呢？在这里运用的依然是相似三角形的原理。

如图 1-9 所示，把笔记本拿到一只眼睛前面，竖直放置，使插有铅笔的一侧朝向被测物体，然后把铅笔慢慢垂直往上推，直至从眼睛 a 点向上望时可以看见铅笔尖 b 与树顶 B 同在一条直线上。此时，三角形 abc 和三角形 aBC 相似，BC 可以通过下列比例式计算求得：

$$BC: bc = aC: ac$$

在这几个数值中，bc、aC 和 ac 的距离可以通过直接测量得出，要求树高 BD 还需要测量出 CD 的长度，又因为 CD 的距离与人眼到地面的距离相等，因此只要量出 Aa 即可。

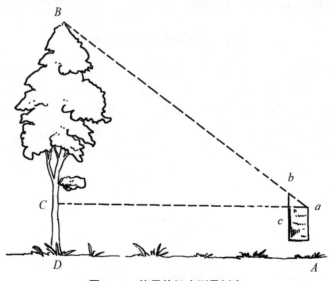

图 1-9 使用笔记本测量树高

我们再仔细想一下，就会发现，由于笔记本的宽不变，当你与被测物的距离总是一定时，树高就完全体现在铅笔被推出的 bc 部分上了。也就是说，如果你做个有心人，预先计算好铅笔被推出的不同长度分别对应了哪些高度值，并把它们标记在铅笔杆上，你就拥有了一部可以装在口袋里并带有刻度的测高仪！

1.6　无须靠近大树的测高方法

有时候，我们会遇到这样的情况：我们想测量一棵大树的高度，却由于某种原因无法靠近树木进行测量，上述的办法因此皆无法施行，这怎么办呢？

答案其实很简单，我们只要借助一部巧妙的仪器就可以解决难题，而这部仪器也并非运用了多么高端的技术，同样通过自制就可以完成。如图1－10所示，可以把两根木条固定成如图直角，使得 ab 等于 bc，bd 为 ab 的一半即可。又或者在一块合适的木板上，把四枚大头针相应钉在 a、b、c、d 四个点的位置上，也同样可以制作仪器。

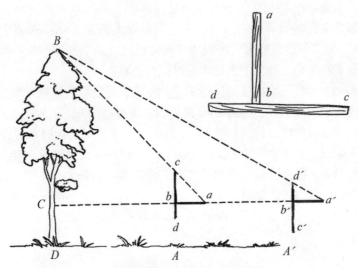

图1－10　怎样使用两根木条制作的最简单的测高仪测高

测量时，先利用悬锤调整好木条 cd 的垂直度，然后先后在两个地方进行测量（图1－10）。从点 A 开始时，应把仪器的 c 端朝上，测完后，应在距离点 A 有一定距离的点 A' 处测量，此时应把仪器的 d 端朝上。注意选择点 A 时应使从点 a 朝 c 端望去时，可见其与树梢 B 在同一直线上。同理可以

这样选择点 A'，当从 a' 点向 d' 望去时，可看到 d' 与 B 重叠。测量工作的关键在于找到点 A 和 A' 这两个点，因为被测树高的一部分 BC 等于距离 AA'。从下列算式可以很容易地弄明白 BC 与 AA' 的相等关系：

因为

$$aC = BC, \ a'C = 2BC$$

所以

$$a'C - aC = BC$$

运用这个仪器，即使无法靠近大树，我们也能测量出大树的高度。当然，如果在可以走近树木的情况下使用这个仪器，仅需要找到 A 或 A' 其中一点就可完成测量，更是方便。

1.7　林业人员使用的测高仪

林业人员在作业中经常会用到测量高度的工具，也就是测高仪。上面介绍了那么多自制的简易测高仪，其实跟林业人员在实际工作当中使用的"真正的"测高仪还是有很大区别的。下面我们就来学习其中的一类，我对它稍微做了点改动，是为了方便大家可以自己制作。

图 1–11 解释了测高仪的使用原理。测量的时候，测量的人拿着这个由硬纸板或者木板所做成、标有 $abcd$ 位置的方板时，向 ab 边方向望去，通过调整仪器的倾斜角度，使树梢 B 与 ab 边在同一直线上。此时在 b 点系一根细绳，下端系一小重物 q。在垂直的细绳于 dc 线的交叉处形成 n 点。由于三角形 bBC 与 bnc 都是直角三角形，且由于锐角 bBC 与角 bnc 相等，因此两个三角形相似，我们可以知道：

$$BC : nc = bC : bc$$

因此

$$BC = bC \times \frac{nc}{bc}$$

其中，bC、nc 和 bc 都是可以直接测量得出的，根据比例可得 BC。要得到树高，还需要把树干下部的长度 CD，即仪器距离地面的高度量出，BC、CD 两者相加即可。

前面我们讲过笔记本测量仪可以通过预先计算标量刻度来简化步骤，这个测高仪同样可以。如果我们把木板的 bc 边留成 10 厘米长，而在 dc 边上标出厘米刻度，$\dfrac{nc}{bc}$ 就相当于一个十分之几的分数，这就意味可以直接指示出树高 BC 占距离 bC 的十分之几了。打个比方，假如悬锤的线停到刻度 5 的位置（$nc=5$ 厘米），则此时树木处在眼睛水平高度以上的高度是观察者与树干间距离的 $\dfrac{5}{10}$。

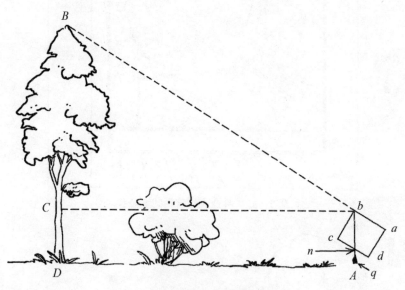

图 1-11 林业人员使用测高仪示意图

这个仪器还可以进一步改进一下，如图 1-12 所示，在方纸板的上角折出两个正方形，分别穿上一大一小两个孔眼，把小的放在眼前，通过大的眺望树梢，便于我们沿 ab 线进行观看。

图 1-12 所示的仪器与实物尺寸差不多，平时就可以放在口袋中，非常实用。例如郊游的时候，你就可以利用它很快测量出大树、电线杆、建筑物的高度了。这种仪器更加完善，但是制作却不难，只要掌握了方法，每个人都可以自己制作一个。（该仪器是本书作者研制的"户外的几何学"工具系列之一。）

[题] 这种测高仪能否用来测量无法靠近的大树？如果可以，如何使用？

[解] 答案是肯定的，这种测高仪当然可以用来测量无法靠近的大树。只要使仪器的 A 和 A' 点与树顶 B 同处一条直线（图 1-13）。假设经测量得

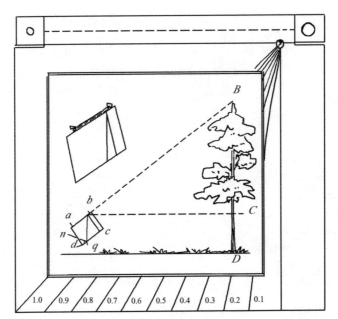

图 1-12 林业人员使用的测高仪

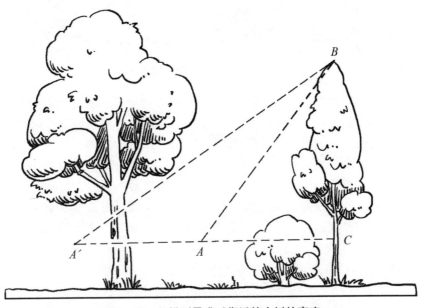

图 1-13 怎样测量难以靠近的大树的高度

出，$BC = 0.9AC$，则在 A' 点，$BC = 0.4A'C$。由此，我们可得：

$$AC = \frac{BC}{0.9}, \ A'C = \frac{BC}{0.4}$$

得出

$$AA' = A'C - AC = \frac{BC}{0.4} - \frac{BC}{0.9} = \frac{25}{18}BC$$

所以

$$BC = \frac{18}{25}A'A = 0.72A'A$$

因此，只要测量出两个观测点之间的距离 AA'，再根据比例计算，即可得出难以靠近的大树的高度。

1.8　利用镜子测量高度

[题]　借助镜子也可以测量树木的高度，你知道吗？如图 1-14 所示，如果把一面镜子平放在被测树木附近的 C 点上，使 C 点和大树保持一定的距离，然后观测者从 C 点退后到 D 点，使得在 D 点时可以从镜中看到树顶 A 点。那么这时候树高 AB 是观测者身高 ED 的多少倍？从镜子到树根的距离 BC 是从镜子到观测者距离 CD 的多少倍？请说出原因。

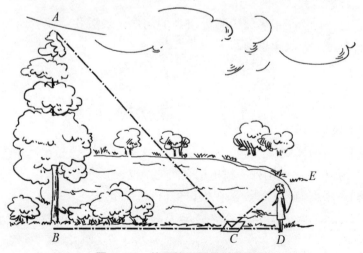

图 1-14　使用镜子测量树的高度

[解]　可以用光的反射定律来证明。树顶 A（图 1 – 15）倒映在 A' 点上，所以 $AB = A'B$。又因为三角形 BCA' 和三角形 DCE 相似，可得：

$$A'B : ED = BC : CD$$

又因为 $A'B$ 与 AB 相等，因此比值可求。

镜子测高法与光的反射定律相关，在任何天气条件下都可以使用，十分简便易行。不过也存在局限，就是只能测量独立的树木，在密林当中测量树木不宜使用。

[题]　如果我们因为某种原因无法靠近树木，用镜子测高法能否测出树木高度呢？如果可以，如何使用？

[解]　可以测出。通过两次运用上面的方法即可。首先把镜子放在两个地方进行测量，利用两个相似三角形的比例关系可推出，树高应为人眼距地面的距离乘以镜子两次测量位置的距离与观测者和镜子距离之差的比。

其实这道题是 600 年前的经典古题，中世纪数学家安东尼·德·可莫雷纳曾在其著作《土地的实用测量》（1400 年）中对其作过详细研究。

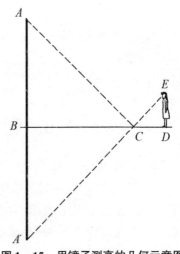

图 1 – 15　用镜子测高的几何示意图

我们已经讨论了很多关于测量树高的问题，最后我给读者留一道与之相关的计算题，供大家思考。

1.9　两棵松树

[题]　有两棵松树，经测量，一棵高 31 米，另一棵高 6 米。两棵松树间的距离为 40 米。求两棵松树树梢之间的距离。

[解]　根据勾股定理，两棵松树树梢间的距离为

$$\sqrt{40^2 + 25^2} \approx 47 \,(米)$$

1.10 树干形状

通过前几节内容的学习，我们已经掌握六七种测量树高的方法了，相信现在的你如果独自在林中漫步，想要对任何一棵树进行测高都是信手拈来又妙趣横生的事情。这说明几何学的原理其实就在我们的日常生活当中，只要你掌握了它，不但可以为生活带来莫大的方便，同时还有无限的乐趣。

你是不是迫不及待地想继续用这样简单的几何学原理去解决一些同样普遍的生活问题了呢？例如在学会了测树木的高度以后，你是否还想试着测量树木的体积、质量，看看一棵大树可以产出多少木材，再算算多少辆卡车才能把大树运走？且慢，虽然这两个问题与测树高看起来似乎在同一个级别，却远非这么简单。即使是专业的数学家们至今也没有破解出这两个问题的精确算法，仅能求出其近似值。

这是为什么呢？因为树木是不规则的形体，即使是已被砍倒、树皮被剥光、看起来十分光滑平整的树干，也不是真正的圆柱体、圆锥体甚或圆台。有读者可能会觉得树干是圆柱体，但是其越接近树梢的部分越细。又有人可能会问既然它越往树梢越细，是不是圆锥体？然而它的"生成线"并不是直线，而是曲线，并且不是圆弧，而是一种向树干中轴凸起的曲线。总之，树干的形状不同于上述所说的任何一种可以通过公式计算得出体积的几何体。

也就是说，在初等数学的范畴中，我们无法通过公式计算得到树干的体积。只有运用高等数学中的积分法，我们才可以大致计算出树干的体积。由此也证明，高等数学并不是只应用于某些特殊高端的对象，测量一根普通的圆木也得请它帮忙；同样初等数学也并不是只限于解决日常生活中的问题，有时候要计算出某颗恒星或行星的体积，运用公式计算就十分精确。很多人的一些思维定式，需要被破除。

不过，我们在这里也并不打算向大家介绍高等数学以求出树干较为精确的体积，用初等数学的方法求得一个大概的近似值就差不多了。所以，我们可以这样做出假设：假设树干与圆台体积相当，或者说带有树梢的树干与圆锥体积相当，而一段很短的圆木则与圆柱体体积相当。虽然上述三个几何体的体积都可以通过公式计算得出，不过，假若有同时适用于三者的体积计算公式，对我们而言就更为方便了，这样我们就无须细究树干的形状到底与哪个几何体更为相似，而直接算出其体积的近似值了。

1.11　万能公式

这种似乎万能的公式的确存在，而且并非仅适用于上述所提的圆柱、圆锥和圆台，也可以普遍适用于所有种类的棱柱体、棱锥体、棱台体以及球体。以下就是被称作"辛普森公式"的著名万能公式：

$$V = \frac{h}{6}(b_1 + 4b_2 + b_3)$$

其中，h 是立体的高度；b_1 是下底面积；b_2 是中部截面面积；b_3 是上底面积。

[题]　试着证明利用上述公式确实能计算出以下七类几何体的体积：棱柱、棱锥、棱台、圆柱、圆锥、圆台、球体。

[解]　将上述公式分别用以计算以上七种几何体体积，即可验证。

对于棱柱和圆柱［图 1-16(a)］，得出：

$$V = \frac{h}{6}(b_1 + 4b_2 + b_3) = b_1 h$$

对于棱锥和圆锥［图 1-16(b)］，得出：

$$V = \frac{h}{6}\left(b_1 + 4 \times \frac{b_1}{4} + 0\right) = \frac{b_1 h}{3}$$

对于圆台［图 1-16(c)］，得出：

$$V = \frac{h}{6}\left[\pi R^2 + 4\pi\left(\frac{r+R}{2}\right)^2 + \pi r^2\right]$$

$$= \frac{h}{6}[\pi R^2 + \pi R^2 + 2\pi Rr + \pi r^2 + \pi r^2]$$

$$= \frac{\pi h}{3}[R^2 + Rr + r^2]$$

对于棱台的，也可用相似的证明方法。

最后，对于球体［图 1-16(d)］，得出：

$$V = \frac{2R}{6}(0 + 4\pi R^2 + 0) = \frac{4}{3}\pi R^3$$

[题]　万能公式还有一个有趣的特性：它还适用于平面图形的面积计

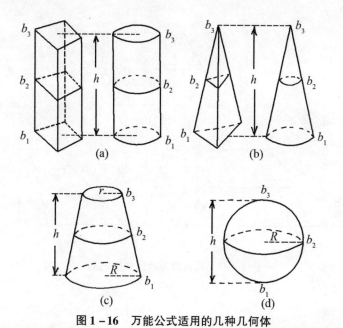

图1-16 万能公式适用的几种几何体

算，如平行四边形、梯形、三角形。公式是一样的，只要把公式当中的字母含义改换如下即可：

其中，h 是图形的高度；b_1 是下底长度；b_2 是中间线长度；b_3 是上底长度。

如何证明呢？

[解] 把万能公式应用到平行四边形（包括正方形和矩形）[图1-17(a)] 面积计算中：

$$S = \frac{h}{6}(b_1 + 4b_2 + b_3) = b_1 h$$

梯形 [图1-17(b)] 的面积为：

$$S = \frac{h}{6}\left(b_1 + 4 \times \frac{b_1 + b_3}{2} + b_3\right) = \frac{h}{2}(b_1 + b_3)$$

三角形 [图1-17(c)] 的面积为：

$$S = \frac{h}{6}\left(b_1 + 4 \times \frac{b_1}{2} + 0\right) = \frac{b_1 h}{2}$$

由此可见，"万能公式"的"万能"二字当之无愧。

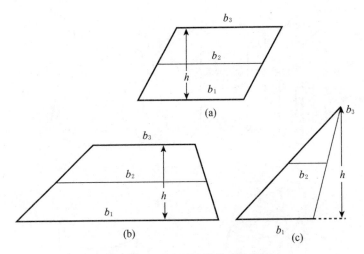

图1-17 适合用万能公式的图形

1.12 如何测量未被砍倒的树木的体积和质量

掌握了万能公式之后，你就可以轻松算出一棵已经被砍倒的树木的树干体积了，无论这棵树长得更像圆柱体、圆锥体还是圆台体。你只需要测量出四个数据就够了：树干的长度以及上、中、下三个截面的面积。

上下截面的面积很容易测量，只是中间截面的面积需要使用林业人员专用的工具"量径尺"（图1-18）才好测量。不过这种不便也并非不可克服，你可以利用绳子测量出树干的圆周长，再除以$\frac{22}{7}$，便可以求出圆周的直径了。其实，在实际运用中，这样计算得出的数值的精确度已经足够了。

如果我们完全把树干当成圆柱来计算，把树干中间截面的直径看作与圆柱底面直径完全相等，这样计算得出的结果会不太精确：通常会比实际结果小12%。然而，如果我们选择用分段的形式计算，把算出的每一段类似圆柱的树干体积相加，这样得出的树干整体体积却是相对准确的，误差值通常在2%~3%。

刚才讲的关于树干体积的计算方法都仅适用于已被砍倒的树木，对于还没被砍倒的树木来说，这个计算方法就不适用了。在不上树的情况下，

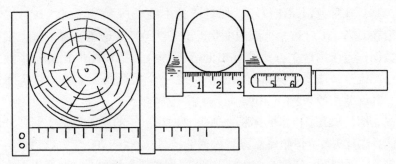

图 1 – 18 量径尺（左）和千分尺（右）

你只能量得大树底部的直径，以此作为计算数据得出一个非常大概的近似值，实际上，有些专业的林业人员也是这么做的。

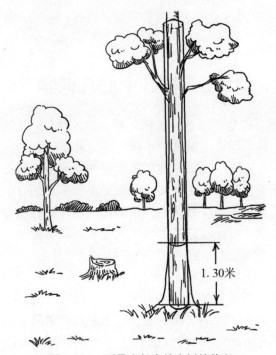

1.30米

图 1 – 19 测量生长中的大树的体积

林业人员还有一样工具——"材积系数表"，通过查表，可以得知在你大概齐胸高度（最方便的测量高度），也就是130厘米处时所测量的树木体积与等高等直径圆柱体的体积比例，如图 1 – 19 所示。不过，既然树干形状多种多样，"材积系数表"中的数据当然会因为不同的树种或高度而有所差别。只是，这种差别还比较小：如对于林中的松树和云杉树，其对应的数值一般在0.45～0.51这个范围内变化，通常为0.5。这意味着，树干实际的体积数据，等于用这个方法测量出的等高等直径圆柱体体积的一半。前面我们已经说过，这样计算得出的数值只是一个大概的近似值，与实际体积相比，其误差一般为2%～10%。

很显然，知道了树木的体积，你想要估算出它的质量就很方便了。以松树为例：你只需要弄清楚每立方米松树的质量是600～700千克就行了。如果你测出了一棵松树的高度是28米，齐胸高度的树干周长是120厘米，你就可以通过计算知道这个圆柱的截面积大概是1 100平方厘米或者0.11平方米，而树干体积大概为$\frac{1}{2}$×0.11×28≈1.5立方米。假设松树木材平均每立方米的质量为650千克，则1.5立方米木材的质量大概是1吨（1 000千克）。

1.13 树叶中的几何学

[题] 不知道你是否注意过这样一种有趣的现象：生长在大白杨树树荫下，由大白杨树根部滋生出来的小树，它的叶子往往会比原来的大白杨树叶子要大，尤其比那些在阳光照耀下生长的叶子要大得多。这是因为生长在阴影中的叶子只能靠不断增加自己接受阳光照射的叶面面积，来弥补吸收阳光不足的先天条件。对这个问题的深入解释是植物学家的事情，而对于几何学家来说，则可以运用几何学原理来计算小树叶子比大树叶子的面积大几倍。这个问题你知道如何解决吗？

[解] 解决的方法有两种。

第一种方法，先分别算出每一片树叶的面积，然后算出它们的比例。至于计算树叶面积，可以采用这个做法：把一张透明的方格纸平铺在叶子上面，假设每个方格面积为4平方毫米，通过数叶片所占的方格数可以算出其面积。这是一个非常精确的办法，但是操作比较麻烦。

第二种方法比较简单，两片叶子虽然大小不等，但是形状相同或相似，我们可以通过几何学的相似性来解决这个问题。也就是说，我们需要解决的问题就转换为两个相似图形的面积比例问题了。又因为，两个相似图形的面积比等于它们的直线尺寸的平方比，所以，只要知道一片叶子是另一片叶子长（或宽）的几倍，就可以由它们的乘方算出面积比。例如，假定小树叶片长 15 厘米，而大树叶片长只有 4 厘米，则它们的直线尺寸比是 $\frac{15}{4}$，由此算出前者面积是后者的 $\frac{225}{16}$ 倍。假如取整数（计算本身就不是很精确），即小树叶子面积大约为大树叶子面积的 14 倍。

下面，我们再举一个例子。

[题]　一株生长在树荫下的蒲公英叶长 31 厘米，而另一株生长在阳光下的蒲公英叶长只有 3.3 厘米。请问前者的面积大概是后者的几倍？

[解]　根据前面的方法，我们可以计算得出两片蒲公英叶的面积比为：

$$\frac{31^2}{3.3^2} = \frac{961}{10.9} \approx 88$$

也就是说，前者的面积大概是后者的 88 倍。

在树林里，我们可以找到一些形状相似但是大小不同的叶子，你可以用它们对相似图形的面积比进行探究。经常有人感到很诧异：为什么两片叶子的长宽差不多，面积却会相差如此之大。譬如，两片形状很相像的树叶，一片可能比另一片长 20%，但它们的面积之比竟然可以达到：

$$1.2^2 \approx 1.4$$

也就是说，两片叶子的面积相差 40%。如果前者的宽度比后者多出 40% 的话，它们的面积之比竟然可以达到：

$$1.4^2 \approx 2$$

[题]　请将图 1-20、图 1-21 中的树叶的面积之比计算出来。

图 1-20　请计算出这几片　　　图 1-21　再计算出这几片树叶的
　　树叶的面积之比　　　　　　　　　面积之比

1.14　六条腿的 "小" 力士

蚂蚁是一种神奇的生物，你总可以看到它咬着一些远远重于自身的物体，机灵地在植物的茎条上爬来爬去。观察它的人对此很是费解：这小东西是哪里来的这么大力气？为什么可以似乎毫不费力就把一些超过其体重将近10倍的重物搬走？换作是人类的话，背着一架钢琴上楼梯可是无法做到的事情。相对说来，是不是意味着蚂蚁比人更加强壮有力呢？果真如此吗？

要搞懂这个问题，还是需要几何学的帮助。下面先听一下专家对解释这个问题所需了解的关于肌肉力量的知识。

其实动物的肌肉有点像一根带有弹性的橡皮带，但弹性并不是其收缩的原因，而是另外的缘故。神经在受到刺激的情况下，肌肉会恢复正常。在生理学实验当中，为相应的神经或者直接在肌肉上接通电流，也同样可以使肌肉收缩。

我们可以在刚死的青蛙上割一块肌肉，然后做这样一个简单的实验。

之所以这样做实验是因为冷血动物的肌肉可以在其机体外的常温条件下长时间保持其生理机能。而实验的方法很简单：先切割下一块青蛙屈伸后腿的主肌——腿肚肌——以及和它连在一起的大腿骨及其末端，因为无论在大小还是形态上，这一块肌肉都很适合进行实验。把大腿骨挂起来，用钩子穿过肌腱，并在钩上挂个砝码。这时如果把两端接通电池的电线触碰肌肉，肌肉会马上收缩，并使得砝码被提起。如果我们一直增加砝码的质量，就可以知道肌肉的最大举重力。等我们把两条、三条、四条一样的肌肉连接起来，再用电流刺激，却无法获得更大的举重力。但是，当我们不是把肌肉连接起来，而是把两条、三条、四条一样的肌肉束在一起，再用电流刺激时它们就会提升起与它们倍数相当的砝码来。很明显，如果这几条肌肉本来就是长在一起的话，实验肯定也会收到同样的效果。所以我们知道，肌肉的举重力其实并不由它们的长度或质量决定，而是由它们的截面积决定，也就是肌肉的粗细。

回到正题，我们再来比较一下那些大小不同，但是形状结构很近似的动物。假如有两种动物，第二种动物的直线尺寸是第一种的2倍，其体积、质量甚至身体中的器官质量都是第一种的8倍。但是，从平面测量的角度来说，第二种动物的相应横截面（包括肌肉）的面积却只是第一种的 4 倍。这就是说，第二种动物虽然在身体长度、质量上分别远超于第一种，但其肌肉的举重力仅仅是第一种的 3 倍。这样看来，个头更大的第二种动物在体力上反而只有第一种动物的一半而已。同理，一个身长超过另一个 2 倍的动物（横截面积超过 8 倍，体重超过 26 倍），其体力只有后者的 $\frac{1}{3}$；如果身长超过 3 倍，则体力只有 $\frac{1}{4}$……以此类推。

　　以上就是关于动物体积和质量不与肌肉质量成正比的原理，这也解释了为什么一些昆虫，像蚂蚁、黄蜂等，可以搬动比自身质量多出 30、40 倍的物体，但是对人类而言，除运动员和搬运工人外，却只有自身质量 $\frac{9}{10}$ 的负荷。而被最广泛用作搬运机器的动物——马，其实只能搬动自身质量 $\frac{7}{10}$ 的重物。

　　明白了这个原理，我们就应该对六只腿的大力士小蚂蚁刮目相看了。克雷洛夫曾为其赋诗一首：

　　　　蝗蚁虽小，大力勇士；

　　　　前无古人，后无来者；

　　　　史官叹之，能举两粟！

Chapter 2
河畔几何学

2.1　四种测河流宽度的方法

　　前面我们讲到，不爬上树就可以测量出树有多高，同样你也可以轻而易举地测量出河流的宽度，前提条件是并不需要横渡河流。所以在测量河流宽度的时候我们使用的方法就是测量无法靠近的物体的高度的技巧，即用一些可以测量的距离代替那些未知距离的测量。其实这方面的技巧有很多，下面让我们来看看几种比较容易操作且准确度高的方法，这些方法有个共同的特点就是不必渡河就可测量出河流的宽度。当然测量方法还有很多，只是有的需要复杂的仪器，这里也就不多加介绍了。

　　（1）第一种方法。在用这种方法之前，我们需要知道直角三角形的一个特性，如果这个直角三角形的一个锐角为30°，那么这个锐角所对应的直角边的长度应该等于斜边长度的一半。这个结论证明起来并不困难，让我们先看图2-1(a)，假设这个直角三角形中角 B 为30°，在这种情况下，我们以 AC 为中心，如图2-1(b) 所示，将三角形 ABC 旋转到与其初始位置对称的位置上，构成了新图形 ABD，其中 ACD 在同一条直线上，因为 C 点的两个角是直角，这个三角形中，角 A 为60°，角 ABD 也是60°，所以可以得到 $AD = BD$，这样也就能够知道 $AC = \frac{1}{2}AB$。如果知道了直角三角形的这个特性，也就可以用这个方法进行河流宽度的测量了。

　　准备一个木板，在上面设置好大头针的位置，钉成一个直角三角形，使得其中一个直角边长度为斜边长度的一半，如图2-2所示，将这块木板拿到 C 点处，在 AC 方向上与大头针所钉的斜边重合。沿着三角形较短的一条直角边，并在 CD 方向上找到一点 E，用大头针仪使得 CD 方向和 EA 方向垂直，这时候角 A 为30°角，根据刚才的特性，不难得出 CE 长度为 AC 长度的 $\frac{1}{2}$，那么只要测出 CE 的距离，乘以2得到 AC 的长度，然后再减去 BC 的长度，也就可以求出河流的宽度 AB 了。

　　（2）第二种方法。这里我们将采用"大头针测量仪"的方法，这种方法所需要的仪器很容易做出来。就是找三个大头针，按照图2-3的样子将等腰直角三角形的三个顶点钉好。在我们不打算摆渡到河对岸的情况下，

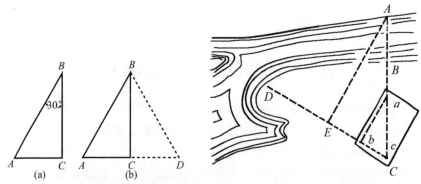

图 2-1 什么时候直角边是斜边的一半　　图 2-2 用有30°角的直角三角形测量

AB 是我们所需要测量的河流宽度（图 2-4），这时候我们站在点 B 这个河岸岸边，站在点 C 旁边，将大头针仪放在眼前，眼睛顺着大头针的方向望去，两枚大头针 a、b 可以将 A、B 两点完全挡住。这时候我们就站在 AB 的延长线上，这样保持仪器不动，b、c 两个大头针的方向与刚才的方向是垂直的，沿着这两枚大头针望去，就会发现被大头针挡住的 D 点，也就是说，D 点是在与 AC 垂直的这条直线上的，这时候将一根木桩钉在 C 点，然后沿着 CD 一直向前走，如图 2-5 所示，找到一点 E，在这里，同时可以看到 A 点被大头针 a 挡住，那也就是说这里是这个三角形的第三个顶点，角 C 为直角，角 E 是45°，角 A 也是45°，所以 $AC = CE$，这时候测量了 CE 的距离

图 2-3 用大头针测量仪测量河流的宽度

就会间接知道 AC 的距离，BC 的距离也很容易得到，这样也就能够求出河流的宽度了。不过在使用大头针仪的时候也要注意使它保持不动，最好的方法就是将带有仪器的木板固定在木杆上，再将这根木杆插进地里，这样就可以固定在地上了。

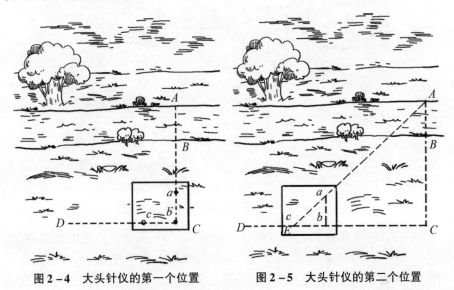

图 2-4　大头针仪的第一个位置　　　图 2-5　大头针仪的第二个位置

（3）第三种方法和第二种方法比较相似。如图 2-6 所示，还是像第二种方法一样，我们先沿着 AB 延长线寻找到一点 C，借助大头针仪标定直线 CD，这条线和 CA 垂直。请注意，以下的做法会有所不同，让我们来仔细看一看。

在 CD 线上划出两段相等距离的线段 CE 和 EF，长度可以随意设定，分别在 E 和 F 点钉一个木桩。然后拿好大头针仪在 F 点找到与 FC 线垂直的方向 FG。现在沿着 FG 方向前进，寻找出这条线的一点，从这一点望去正好可以使得 A 点被 E 点遮住，这一点就是 H，那么，H、E、A 三点就在同一条直线上了。

FH 的长度等于 AC 的长度，因此，只要从 FH 中减去 BC 就可以得出所求的河流宽度 AB，至于 FH 为什么等于 AC，读者自己就可以很容易证明出来。

相比于第二种方法，这种方法所需要用的场地显然要大很多，如果地形不允许，当然也可以换其他方法进行测量。如果条件允许，用不同的方法进行测量可以充分检验结果的正确性。

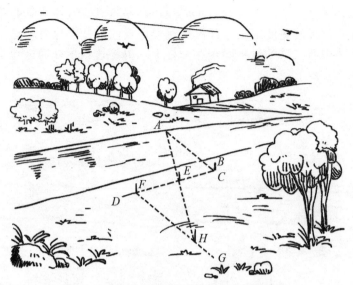

图 2-6　利用全等三角形的特点来测量距离

（4）第四种方法。这种方法是略微改变了一下前一种方法而得到的。这一次我们并不是在 CD 上量取两段等长的线段，而是在 CF 线上量出两段不相等的线段，其中一段是另一段长度的整数倍。如图 2-7 所示，所量出

图 2-7　利用相似三角形的特征测流河流宽度

的 *CE* 的长度是 *EF* 的 4 倍，这之后的做法就和前面是相同的了。在 *FC* 垂直的 *FG* 方向上找到 *H* 点，这时候从 *H* 点望过去，*A* 点恰好被 *E* 点的木桩挡住，不过这个时候的 *FH* 已经不等于 *AC* 了，而是 *AC* 的 $\frac{1}{4}$，所以三角形 *ACE* 和三角形 *HFE* 也就是不全等的，三角形除了全等关系还有相似关系，按照三角形的相似定理，我们可以得到下面的关系式：

$$AC : HF = CE : FE = 4 : 1$$

接下来，用量出来的 *HF* 的长度乘以 4 就是 *AC* 的长度了，然后同第三种方法一样减去 *BC* 的长度就得到了河面的宽度 *AB*。这种方法显然要比第三种方法所需要用的地方小很多，用起来更方便。

2.2　利用帽檐测距离

[题]　你知道如何用几何学解释"帽檐测量法"吗？

[解]　如图 2 - 8 所示，从帽檐边的边缘投出视线，如果没有帽子也可以用手掌或笔记本代替。最开始将视线对着河对岸线上，如果观测的人转身后，他的视线就好像以他自己为圆心画了一个圆，他的视线就像是圆的半径，于是 *AC* 和 *AB* 就是圆的半径，这两条线段是相等的（图 2 - 9）。

图 2 - 8　使帽檐对准对岸的一点

图 2 - 9　用同样的方法找到自己岸边的一点

　　这种测量方法在实际中的应用有很多。在一次战斗中，某部队就是用这种方法测量了河流的大致宽度，成功渡过了河。上士库普里扬诺夫在战斗中接到上级的命令，要求他们测量部队需要强渡的河流宽度。班长库普里扬诺夫带领全班悄悄地接近河边，隐蔽在河岸边的灌木丛后面。这时候上士和士兵卡尔波夫一起爬到河边，在这里可以清晰地看到河对岸，也就是被德国法西斯所占领的地盘。如此看来，只能通过目测来确定河流的宽度了。

　　库普里扬诺夫问道："喂，卡尔波夫，大概有多少米?"

　　卡尔波夫看了一下说："我觉得在 100 至 110 米。"

　　为了检验结果是否准确，库普里扬诺夫决定借助"帽檐"来检验这名侦察兵的目测结果，以测得更加精确的河流宽度。这个方法可以用一顶帽子来实现，将帽子戴在头上，使得帽子的帽檐正好在眼睛的上方，然后面对着河水站在岸边，朝着河水望过去。这个时候，帽檐的底边是和对面的河岸线重合的，如图 2 - 8 所示，观察者转动身体，从帽檐下可以找到一个最远的点，这个点可能是在观察者的左边或者右边，甚至是观察者的后面，从那个点到观察者之间的距离也就是这条河的大概宽度，如果没有帽子也可以换成是笔记本或者就用手也可以完成，只要将它们放在额头前就可以代替帽檐了。当然在选择地点的时候最好选择平坦的地面，这样有利于你进行观察。库普里扬诺夫就是用了这种方法，只见他从灌木丛中站起来，迅速地将笔记本贴在额头上，然后快速转身找到了最远的那一点，最后他带领一个侦察员爬到那个点，用绳子测量出距离为 105 米。

于是，库普里扬诺夫将他们获取的数据报告给了指挥员。

2.3　小岛的长度

[题]　有这样一种情况，如果你站在河边或者海边，你的面前可以看到一个小岛，如果我们想测出这个小岛的长度，当然你坐船到岛上是可以测量的，但是有没有一种方法可以让我们不离开岸边直接能够测出小岛的长度呢？

不能靠近小岛也能测量，而且还不需要很复杂的仪器，你一定十分好奇，下面让我们来看看是什么样的方法。

[解]　如图 2 - 10 所示，长度 *AB* 即是我们要测量的小岛的长度，这时候我们在岸边随意选取两个点，分别为 *P*、*Q*，在这两点分别钉一根木桩，在 *PQ* 这条直线上选取 *M* 点和 *N* 点，这两个点连接 *A* 和 *B* 两点所得的线段 *AM*、*BN* 与 *PQ* 方向成直角，这个可以用三角仪来测量。图中 *O* 点为线段 *MN* 的中点，在这一点也钉一根木桩，使得从 *AM* 的延长线上一点 *C* 望过去，*B* 点完全被 *O* 点的木桩所挡住。同样的方

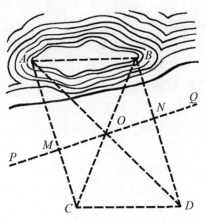

图 2 - 10　利用全等直角三角形的测距法

法，在 *BN* 的延长线上也找到这样一个点 *D*，小岛上的点 *A* 同样可以被 *O* 点上的木桩所遮挡。那么 *CD* 之间的距离就是小岛的长度。这个证明过程并不复杂，利用比较基础的几何知识就可以解决。我们学过全等三角形的判定定理，有一种是角角边定理，也就是如果有两角及其一角的对边对应相等的两个三角形全等。在这个图形中，三角形 *AMO* 和三角形 *DNO* 为两个直角三角形，我们知道 *O* 是 *MN* 的中点，所以直角三角形的 *MO* 和 *NO* 两边相

等，角 AMO 和角 DNO 都是直角，而且角 AOM 和角 DON 两个角为对顶角也是相等的，由此我们可以得出这两个三角形是全等的，所以可以得出 AO = OD，同理可以证明 BO = OC。所以可以间接得出三角形 ABO 和三角形 DCO 这两个三角形也是全等三角形，也就很容易得出 AB 和 CD 是相等的了。

2.4 我们和对岸的人相隔多远

[题] 假设你站在河岸的一边不动，对岸有一个人在沿着岸边行走，我们可以清楚地看到他的脚步，如果不让你利用任何仪器，你能够测出你们之间大概的距离吗？

[解] 乍看这题你可能会觉得有些困难，因为不让用任何仪器。毕竟之前几节还用到了大头针仪或帽子，不过在 2.2 节中代替帽子的手掌也可以测出河的宽度，所以这个时候你有没有想到我们的身体其实就可以作为测量的仪器呢？下面这个方法就只需要你的眼睛和手就可以完成。把手臂伸直朝向对岸正在行走的那个人，我们根据这个人行走的方向来判断到底闭上哪一只眼睛。如果那个人走向你的左手方向，那么就闭上右眼，用左眼朝竖起的大拇指望过去；如果那个人走向你的右手方向，那么就闭上左眼，用右眼朝竖起的大拇指望过去。当这个在远处行走的人恰好被你的大拇指挡住的那一刻，如图 2-11 所示，那你就立刻闭上刚才用的那只眼睛，然后换另一只眼睛，这时候那个人感觉上好像后退了几步，这时候你就要注意数出来对岸的人所走的步数，直到他第二次被你的大拇指所挡住为止，于是你就知道我们所需要的数据了。

下面我们就运用这些数据来测量你们两人之间的距离。我先来解释一下怎么利用刚才得到的数据。在图 2-11 中，我们假定你的两只眼睛是 a 和 b，你伸出手臂后拇指指尖在点 M 处，A 点则是对岸那个人的第一个位置，B 点是他的第二个位置，你面朝着那个行人，使得 ab 的方向尽量和行人走的方向是平行的。那么三角形 abM 和 ABM 是相似的，于是就可以得出一个比例式，$BM : bM = AB : ab$，在这个式子中，除了 BM 是未知的，其他的都是我们上面已经知道的了。ab 是你的两只眼睛瞳孔间的距离，bM 是你伸出手臂的长度；AB 可以从你所数出来的行人步数计算出来，这里我们按照平均一步 $\frac{3}{4}$ 米来计算，那么这个比例式中的未知数可以通过已知的各项算出来，

图 2－11　测量与对岸的人相隔多远

你们两个人之间的距离的计算公式为：

$$MB = AB \times \frac{bM}{ab}$$

我们假设瞳孔之间的距离 ab 为 6 厘米，手臂与眼睛之间的距离 bM 大概为 60 厘米，行人从 A 点走到 B 点一共走了 14 步，那么代入刚才的计算式中就可以得出你们之间的距离具体是：

$$MB = 14 \times \frac{60}{6} = 140(步) = 105(米)$$

我们的瞳孔间的距离和手臂到眼睛之间的距离是固定不变的，那么它们之间的比 $\frac{bM}{ab}$ 是我们可以事先量好并记住的，这样我们就可以随时求出距离。只要我们清楚地数出来这个人走了几步就可以很快地知道他走了多少米了，一般来说 $\frac{bM}{ab}$ 的值都是 10 左右，所以 AB 的距离也就是解题的关键了，除了用我们刚才的测步数的方法，当然还有很多其他的方法。比如想要测量一列客车和自己的距离，那么你可以对比车厢的长度来确定 AB 的长度，车厢的长度一般是已知的，大约 7.6 米。如果测量一个房子和自己的距离，AB 的值就可以通过窗户或者砖块的长度进行预估。当然，也可使用我们下面就要介绍的"测远仪"进行这类测量。对应地，如果知道观测者与物体之间的距离，那么也可用上面这个方法测定远处物体的尺寸。

2.5　最简易的测远仪

　　如果你的动手能力很强，那么制作一件简单而实用的测远仪对你来说一点也不难，这样你就可以根据远处的物体高度，用测远仪测定距离了。

　　通过图 2 – 12 和图 2 – 13，我们可以清楚看出测远仪的内部构造。在 A 的空隙处，我们把要测量的物体正好放进去，A 区域可以通过的仪器中一个推上推下的杆来调整，空隙的长短也可以通过 C 和 D 上面的刻度来确定。

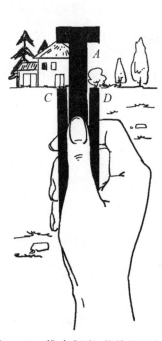

图 2 – 12　推动式测远仪的使用方法

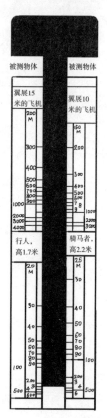

图 2 – 13　推动式测远仪的构造

　　在 Chapter 1 中，我们介绍过一种测高仪，用这种仪器测量远处的物体的高度是最容易的。上面我们介绍了另一种仪器也就是测远仪，用这种仪器测量远处物体和你的距离是最容易的。两种仪器都可以用身边的一些易得的物品替代，比如测远仪我们就可以用一根普通的火柴替代而制成。不过，这种情况下我们必须知道被测物体尺寸的大小，这样才能用火柴测远仪来测量。这里还要提醒一下，即使结构再完善的测远仪，也都是需要在已知物体的尺寸大小的情况下才能够完成测量的。

　　那么这种火柴测远仪如何制作呢？如图 2 - 14 所示。为了能看得清楚，先在火柴棒的一面画出刻度，以毫米为单位，然后把刻度涂成黑白相间的状态。

图 2 - 14　火柴测远仪

　　如果你想测出自己与远处某个人之间的距离，这时候火柴测远仪就可以帮助你得到这个结果了。将火柴拿在手中，手臂伸直，然后用一只眼睛望向远方的人，使得火柴的顶端和那个人的头顶恰好重合，这时候我们缓慢地移动我们的大拇指，在火柴上下移动，停在正好挡住那个人脚底的地方，然后把火柴拿到眼前，数一下指甲所占的格数，这样数据就测量好了（图 2 - 15）。

图 2 - 15　使用火柴测远仪测量远处的人的距离

通过前几节的学习，我们可以得到如下公式：

$$\frac{未知距离}{眼与火柴间的距离}=\frac{人的平均身高}{火柴棒量出的读数}$$

假设我们的眼睛和火柴棒的距离是 60 厘米，人的平均身高为 1.7 米，而火柴棒量出的读数是 12 毫米，将它们同时换算为厘米来计算，被测距离为：

$$60\times\frac{1700}{12}=8\,500(厘米)=85(米)$$

你还可以用测远仪来测量你朋友的身高，像上面介绍的方法一样，你让他走出一段距离，然后测量他走了多少步就可以了，这样就能更好地掌握测远仪的使用方法了。

不过，用这种仪器测出的数据并不是很准确，所以我们得出的数据只是估值，并不是精确的测量结果。

当然有些误差的大小是可以根据所选择适合的物体而避免的。比如在前面分析过的实例中，两人之间的距离是 85 米，如果测量的时候火柴棒产生 1 毫米的误差，那么根据公式可以知道，用 85 米乘以 $\frac{1}{12}$ 得出大约为 7 米，这 7 米的实际距离就是那 1 毫米的误差导致的。不过如果人离得更远，是现在距离的 3 倍，那么相应地我们在火柴上看到的距离也就会变成 3 毫米，这时候哪怕是 $\frac{1}{2}$ 毫米误差也会造成 57 米严重的误差。所以，我们应当在测量较远的物体时选择更加高大的物体。像我们的例子中测量和人之间的距离时，一般在 100～200 米这样的距离之内测量得出的结果比较可靠。

图 2-13 所示是用这种推动式的测远仪测过一些物体后的状态，为了避免一些计算，干脆将事先算出来的距离直接在 C 板上标记出来，在 D 板上写上测量骑马的人的距离，对电线杆和测量翼展为 15 米的飞机与人的距离和类似庞大的物体与人的距离，也在 C 和 D 两个板的空白地方记录下来，以便后期使用。

学习了上面的方法，你可以举一反三，用同样的方法测一个骑在马上的人、骑自行车的人、铁路旁边的电线杆、砖房、汽车等各种人或物体之间的距离，只要已知物体的大小即可。比如刚才提到的骑马的人平均高度是 2.2 米，车轮的直径大约是 75 厘米，电线杆高大约是 8 米，两个绝缘体之间的垂直距离是 90 厘米。这种情况在你旅游的过程中会碰到很多次，这时你就不会手足无措了。

2.6　河流巨大的能量

我们知道，如果想实现水的电气化就要修建水力发电站。当然，在这其中我们也可以发挥主动精神，贡献自己的力量来筹建小型水力发电站，那么我们能做什么呢？

通常来说，我们把长度小于 100 千米的河流称为小河，再长的就不能称之为小河了，像这样长度的河流在俄罗斯是非常多的，大概有 4.3 万条。如果将这些小河汇聚成一条大河，则将近 130 万千米长，这个长度你可能没什么概念，但是如果我告诉你地球赤道的长度只有 4 万千米，那么这条河流可以绕赤道 30 多圈儿呢。

> 那是一个离我们很远的地方，
> 不知道你有没有去过，
> 那里是一片繁华喧嚣的景象，
> 那里的河水清澈见底，
> 那里的草原上飘过习习凉风，
> 那里的农家周围都是樱桃树。
>
> 阿·托尔斯泰

这些小河缓缓地流淌着，看起来如此安静而温柔，但是它们蕴藏的能量是不可小觑的，可谓是取之不尽用之不竭。专家称这些河流的能量如果汇聚在一起，总数十分惊人，能够达到三千四百万千瓦。这天然的能源可真是上天赐予人类的财富，人们将这些能量应用于发展河流沿岸农村经济的电气化生产。

河流宽度、水流速度（也就是"流量"）、河床截面积（这里指的是"有效截面积"），以及河岸所能承受的水压大小，这些与河流状况有关的数据都是水电站建设者们所关心的问题。这些变量都可以用简单易行的器材进行测量，测量过后的计算是一道不算太难的几何题。以下几节就向大家介绍如何利用几何的方法计算出这些数据。

奔流不息的河水，

不停歇地一直向前，

我们的世界已经是画好的地图，

在这地图上描绘着我们的蓝图，

如高山般的拦河大坝从河底而起，

它把河流阻断，

让这条大路不再一往直前。

斯·希帕乔夫

这里我们先将两位专家亚罗什和费奥多罗夫工程师对于在河流上选择未来拦河大坝合适位置的实际建议告诉大家。

"水电站的大坝所建的地方离源头的距离需在一定范围内，一般是在 10～15 千米以外，又不超过 20～40 千米。因为，如果水坝建在距离源头 10～15 千米以内的地方，可能会导致水量过小和水力不足，这样就无法发出应有的电力而保证水电站的正常运作。如果距离源头太远的话，水量太大又会增加建筑大坝的成本。而且，所选定建坝的河段河床不得太深，太深就要建造庞大的坝底，从而增加不必要的建设水坝费用。"另外他们建议，小型水电站也就是功率只有 15～20 千瓦的，最好选择距离源头不超过 5 千米的地方。

2.7　测量河流流动速度

如白色带子般的小河，

在山林与村落之间流淌着。

阿·费特

小河一昼夜间可以流走多少水呢？如果想要知道水量的多少，那么就要测定出水面的流速。下面先介绍一种坐船测量的方法。

现在岸边标注出我们的起点，然后坐上一条小船，逆流划行 1 000 米，然后再顺流划行回来，不过行驶的过程中要求船的力量是均衡的，如果是人力就很难保证，如果是电机或机械船还比较容易实现。如果逆流划行所用的时间为 18 分钟，顺流所用的时间为 6 分钟，我们所要求的水流的速度用 x 表示，如果在不流动的水中划行速度用 y 表示，那么可以得到下面的方程式：

$$\frac{1\,000}{y-x}=18,\ \frac{1\,000}{y+x}=6$$

那么

$$y+x=\frac{1\,000}{6}$$

$$y-x=\frac{1\,000}{18}$$

通过计算可以求出河流的速度为每分钟 55 米，约每秒 $\frac{5}{6}$ 米。

还有另外一种测定水流速度的方法，这种方法要比前一种可靠一些，因为前面船的动力是否平均很难保证。这种测量流速的方法需要找两个人共同完成。其中一个人手拿一个醒目的浮标，这个浮标的制作可以找一个装有半瓶水的瓶子，瓶塞塞紧后在上面插一面小旗，另一个人手里拿一块手表。如图 2 - 16 所示，沿着一段水面较直的河段，在岸边找到 A 和 B 两

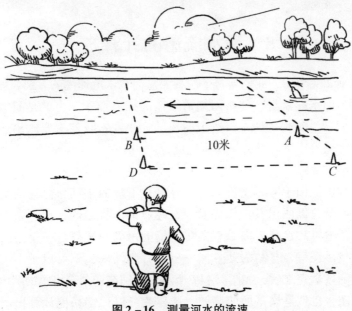

图 2 - 16　测量河水的流速

点，A、B 两点间的距离为 10 米，并钉好两个木桩。在和 AB 这条线垂直的方向上，与 A、B 两点对应着再钉两个点 C 和 D。这时候，带着表的人站到 D 点后面，手拿浮标的人走到 A 点上游几步远的方向，将浮标扔进水中央，然后迅速回到 C 点的后面。这时候两人朝水面望去，分别顺着 CA 和 DB 方向。当浮标漂过 CA 延长线时，站在 C 点后边的观测者就挥手发出信号，信号由手里握表的观测者记录下来这个时间，当浮标漂过 DB 的延长线时，再把这次的时间记录下来。如果浮标漂过这两个地方的时间差为 20 秒，那么河流的速度就是：

$$\frac{10}{20} = 0.5（米/秒）$$

为了确保测量结果的准确性，这种测量方法需要进行多次测量，至少要重复 10 次，每次都要将浮标投在不同的地方，多次测量所得到的数字加在一起后除以测量的次数就可得最终的结果，也就是河水水流的速度。当然，我们知道水越深水流速度也就越缓慢，所以整个水流的速度大概是表面速度的 $\frac{4}{5}$，即水流的速度大概为 0.4 米/秒。

2.8　河水流量的计算方法

在之前 2.7 节中，我们学习了两种测量河水水流速度的方法，如果我们想要计算出河水的流量，就必须知道水流的横截面积，也就是我们常说的"有效截面积"。如何才能求出这个面积的大小呢？我们先要画出这个截面的图形来，通过以下两种方法即可完成。

第一种方法：

这种方法适用于河面比较窄小、河水又不深的小河，你只需要很简单的几样东西就可以测出其河水流量。在两岸的木桩之间，用一条绳子连接起来，这条绳子和水流方向垂直，在绳子上每隔一米就打一个结或者做一个标志，然后在每个打结的地方插一根木杆到河底，就可以量出河底的深度。这些测量做完之后，如图 2 - 17 所示，我们在一个带格子的练习本上画类似的草图，也就是横截面的草图，这样就可以很容易地计算出图形的面积。可以把整个图形的中间部分当作是由若干个梯形组成的，每个梯形的两个底和高都是已知数，靠近岸边的两个三角形也是已知的，这样就很容易计算出它们合在一起的面积了。假如这个图是按照 1:100 的比例得到的话，那么得出的平方厘米数也就是实际的平方米数了。

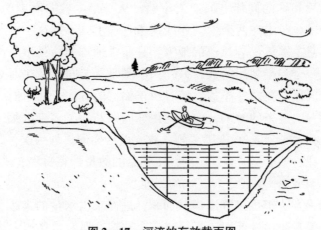

图 2-17　河流的有效截面图

这样我们就得到计算河水流量的所有数据了，每秒从这个截面流过的水也就等于以这个截面积作为底面，以水流的平均速度作为高度的一个柱形几何体的体积。按照之前我们算出的平均速度为每秒 0.4 米，截面面积为 3.5 平方米，那么每秒流过的水量就等于：

$$3.5 \times 0.4 = 1.4(立方米)$$

也可以换算为 1.4 吨水。那么每小时的流量是：

$$1.4 \times 3\ 600 = 5\ 040(立方米)$$

那么，一昼夜 24 个小时的流量为：

$$5\ 040 \times 24 = 120\ 960(立方米)$$

也就是说，一条有效截面仅为 3.5 平方米的小河一昼夜的流量就已经超过了 10 万立方米。这样的小河河宽最多为 3.5 米，水深最多为 1 米，就是走都能走过去，没想到竟然蕴藏着如此大的能量，这些能量还可以转化为万能的电力。那么像涅瓦河这样的大河，每秒从它的截面流过去的水量为 3 300 立方米，那么一昼夜流过去的水量又是怎样一个庞大的数字啊！

第二种方法：

这种方法只能测量河流的有效截面不是很大的河流，如果是那些河面宽阔、水量充沛的河流，估计就要选择其他更加复杂的方法，或者需要请专家们来协助完成了。我们这些业余爱好者，就只测量那些用简单的器材就可以得到结果的河流就好。

这种方法需要多准备一条小船，将两根木桩钉在已经测出的河流宽度的两岸，然后和你的同伴一同坐上小船，从一个木桩向对岸的木桩划去，尽量使你们的小船走在两个木桩连线这条直线上，不过这一点对于一个不经常划船又赶上水流比较急速的地方，是非常困难的一件事，所以你的同伴一定要是一个善于划船的人，另外，还需要一个同伴站在河对岸来协助你们。这个同伴需要站在岸边，随时纠正你们的方向，让你们尽量沿着直线前进，第一次过去的时候，你要记住你们一共划了多少次桨，然后算出小船如果要移动 5 米或 10 米需要划几次，然后你们再划一次，这次要带上一个竹竿，在竹竿上提前画好刻度，由划桨的数量计算每隔 5 米或 10 米时将竹竿插下至河底，并记下每一次的刻度。

以上两种方法都可以算出横截面积，进而求出水量的大小。当然，那些水电站勘探者和建设者们还要测定一个数据，那就是拦河大坝能够产生多大的落差，也就是河流两岸能够承受住多高的水头（图 2 - 18）。这样我们就先要在距河边 5 ~ 10 米处的河流岸边各钉一个木桩，使得两个木桩的连线垂直于水流方向。然后沿着这条线走下去，如图 2 - 19 所示，当岸边的坡

图 2 - 18　小型水电站

度发生很大改变的时候，再钉一个小木桩，用带有尺度的测杆量出这两个木桩之间的高度，计算出高度差，并且量出两个木桩之间的距离，然后按照这个方法依次画出草图。这样就可以绘出河岸的截面图了，也就能够知道河两岸所能承受的水头为多高。假设拦河大坝能够把水位抬高2.5米，就可以计算出水电站可以发多少电。

图2－19　怎样测量两岸之间的截面

水电工程师是这样估算的：用河水每秒的消耗量1.4乘以水位的高度2.5，再乘以电机能量损耗的一个系数6，所得到的结果就是电站可能产生的千瓦数。也就是：

$$1.4 \times 2.5 \times 6 = 21(千瓦)$$

不过河水的水位和水的消耗在一年四季中是不同的，所以这个计算只是一年中大部分时间的有代表性的平均消耗量。

2.9　水中的涡轮

[题]　如图2－20所示，如果这条小河河水的流动方向是自右向左的，现在在河底附近的地方放置一个带有桨叶的涡轮，那么，你认为这个涡轮在水中的旋转方向是朝哪边呢？

图 2-20　水中涡轮会朝哪个方向旋转

[**解**]　我们知道，水流速度在水面的上层和下层是不一样的，即在不同的水深下，水流速度也不同，一般较深的地方水流比较慢，而较浅的地方水流比较快，所以如果将涡轮放入水底，它桨叶的上部分承受的压力会大一些，下部分承受的压力会小一些。由此可知，涡轮会以逆时针的方向进行旋转。

2.10　油膜的厚度

英国物理学家波易斯在《肥皂泡》一书中这样写道：

我曾在水池里做过这样一个实验：在水面上，我倒上了一小勺橄榄油，想看看会发生什么。我发现橄榄油很快就扩散成很大的圆斑，直径竟然有 20~30 米，这可是我勺子中油滴直径的一千多倍，所以可以算出水面的油层的厚度大约为 0.000 002 毫米，是勺子中油滴厚度的百万分之一。

这种现象也会发生在排放废水的工厂周围的河面上。在排水管周围不远的地方，经常会有一些颜色鲜艳、闪闪发光的东西，那就是工厂废水中的油性物质。比如一般会排放出的机油，这些物质由于比水轻而漂浮在水面上，逐渐变成薄薄的油膜扩散到四周，就和英国物理学家波易斯所说的一样。但是他又是怎么算出水面上油膜的厚度的呢？

当然，我们肯定不可能用尺子去量它的厚度，看到书中写的厚度想必你用尺子也量不出来。那么我们取来 20 克机油，将它们倒入水中，当它们扩散开来后，测量圆斑的直径，也就知道了圆斑的面积，那么利用间接的方法就可以知道厚度了。我们可以先求出油滴的体积，质量很容易得到，那么厚度的算法就太容易了。让我们看下面这道题：

[题]　在水面上滴 1 克煤油，如果形成的圆斑直径为 30 厘米，每立方厘米的煤油质量为 0.8 克，那么煤油在水面上的油膜厚度是多少呢？

[解]　首先，煤油体积也就是煤油油膜的体积，两者是相等的。根据已知的条件，每立方厘米的煤油质量为 0.8 克，那 1 克煤油的体积就是 $\dfrac{1}{0.8}$ =1.25 立方厘米，也就是 1 250 立方毫米，一个直径 300 毫米的圆的面积算出来为 70 000 平方毫米。煤油油膜的厚度用体积除以面积就可以知道了：

$$\frac{1\,250}{70\,000}\approx0.018(毫米)$$

也就是说，油膜厚度大约是 1 毫米的 $\dfrac{1}{50}$，这样的厚度用普通的仪器是很难测量的。生活中的肥皂泡还可以扩散得更薄，可以小于 0.000 1 毫米。

2.11　水上的圆圈

[题]　假如将一块石头扔到水里，原本平静的水面上就会产生许多个圆圈，这个现象在生活中非常常见，如图 2-21 所示。如果让你解释这个现象，你肯定会说这很容易，石头激起的波浪以石头为圆心，以相同的速度向四周扩散，所形成的波纹是一个大圆，所有的浪点都和波浪中心距离相等。

前面我们说的是向平静的水面扔石头，如果换成是流动的水面会产生什么现象呢，石头所激起的波浪还会是圆形的吗？还是会扭曲成别的形状比如椭圆形呢?

图 2 - 21 水面上的圆形波纹

粗略想一下,你可能会觉得石头产生的圆形波浪会随着水流的方向而扩展,而且顺流的速度比逆流的速度快一些,所以看起来应该是伸长的封闭曲线,怎样也无法形成圆形。不过你的这个猜想和实际情况可不一样,即使是水流十分湍急的河流,将石头扔进去也会形成圆形,这是为什么呢?

[解] 如果水面是静止不动的,那么波纹一定是圆形的,这是毋庸置疑的,那么在流动的水中会发生什么变化呢?

如图 2 - 22(a) 所示,圆形的波纹被河水的流动所吸引,每一个点都被吸引到图上箭头表示的方向,而且所有的点移动的距离都是相等的,它们移动的速度也是一样的,且沿着相互平行的方向移动,这样的移动自然不会改变图形的形状。如图 2 - 22(b) 所示,带有新的点 1′,2′,3′,4′的四边形取代了原来带有点 1,2,3,4 的四边形,对应的点 1 到了点 1′的位置,点 2 移到了点 2′的位置,所以两个四边形是完全一样的。如果我们在圆周上取更多的点,那么就会得到全等的多边形,当我们取无数的点也就相当于整个圆周,这样平行移动后,可以证明这两个圆形是全等的。这也就是为什么即使把石头扔到流动的水中形成的波纹仍然是圆形的原因了。不过，如果圆圈波纹不会从中心向四方扩散的话，湖泊的水面上圆圈不会产生移动，而河水上面的圆形移动的速度是和河流的速度相等的。

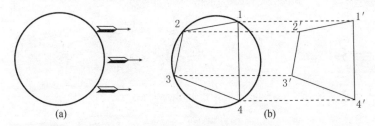

图 2－22　水流并不会改变波纹的形状

所以，无论水面是平静的还是流动的，波纹的形状都是圆形。

2.12　船头形成的波峰

这一节我们继续有关河流的话题。站在河的桥上，当你聚精会神地观察从你视线中疾驶而过的轮船时，你会发现轮船所留下的痕迹，如图 2－23 所示，从船头的地方分开两道波峰。

这两道波峰是怎么形成的呢？为了解答这个问题，让我们再来研究一下将石头投入水中所生成的圆圈波纹的问题。

每隔一段时间，我们往水里扔一块块的石头，这样就会在水面上形成大大小小的圆圈，投到最后一块石头的时候，产生的波纹圆圈也是最小的。如果石块是沿着一条直线投掷的，那么这么多的圆圈就好像船头形成的波浪一样。投掷次数间隔越短，石头越小，圆圈和波浪的形状就越像。也可以用一根木棍插入水中制造出这样的效果，用木棍不断划动水面，就会产生连续不断扔石头的水面效果，这样看到的波浪就更像船头产生的波浪了。

其实船头在水中行驶的过程中，每一个瞬间和向水里扔石头都是类似的，都会产生那种圆形的波纹，波浪逐渐向四周扩散，同时船还在朝前行进，也就产生了更多的波纹，如图 2－24(a) 所示，这些连续不断的波纹就像不断扔石头产生的效果一样。两个相近的波浪相遇就会连接在一起，而没有碰撞的部分只是这些浪花外面的一小部分，将这些外面的部分连在一起，就形成两条连续不断的波峰，也就是这些圆的外公切线，如图 2－24(b)

所示。这就是船头切开水面会形成两道波峰的原因。不过为什么船走得越快，两道波峰所形成的角度就越大呢？

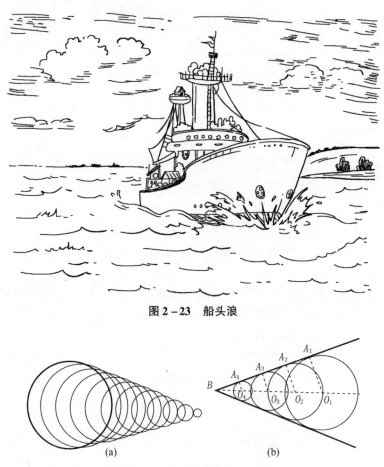

图2-23　船头浪

图2-24　船头浪是怎样形成的

(a)　　　　　　　　(b)

　　这并不难解释，当船行驶的速度加大，它对水产生的压力也会增加，于是产生的波纹会变大，圆的半径变大后，两条公切线所形成的角度自然也会变大。所以，任何在水中快速移动的物体都会在它们的后面形成类似的波纹（或叫水脊）。

　　对于一个不移动的物体来说，有水从它旁边流过，也会看到散开的波纹，只是看起来不是很明显罢了。水流加快的时候，尤其是流过桥墩的时候，由于不像轮船有螺旋桨的破坏，桥墩的波浪波纹看起来会更加清晰。

当然，这一现象必须是物体和水有相对的移动才能产生，如果相对移动很慢的情况下，虽然能够形成波纹，但是无法形成波峰，也就看不到波纹的外公切线了。

下面让我们来看一道关于船头波浪的题目。

[题]　决定船头波浪两道波峰之间角度大小的因素是什么呢？

[解]　圆形波浪对于不同的船只在水中的情况大致是相同的。所以，船头经过水面所形成的波峰主要是取决于轮船的船速。如图 2-24(b) 所示，从圆形波纹的中心我们向直线形波峰也就是公切线的切点引出半径。于是就很容易知道在一段时间内船头部分走过的路程就是 O_1B，在同一时间内波浪扩展的距离也就是 O_1A_1，角 O_1BA_1 的正弦是 O_1A_1 和 O_1B 的比也就是 $\dfrac{O_1A_1}{O_1B}$，同时也是波浪速度与轮船速度的比值。所以船头波峰间的角 B 正好是这一角度的两倍，它的正弦也就是圆形波浪扩展的速度与船速的比值。我们举个例子，大多数的客货海轮船头浪波峰间的夹角都是 30°，那么它的半角正弦 sin15°等于0.26，那么轮船的船速相当于圆形波浪的扩展速度 $\dfrac{1}{0.26}$ 倍，大约是4倍。

2.13　炮弹的飞行速度

[题]　在 2.12 节中，我们研究了波浪。当我们拍摄飞行中的子弹或炮弹的时候，它们在空中急速飞过也会产生那种波浪。拍摄它们的方法有很多，图 2-25 表示的是不同的炮弹的弹头在飞行中形成的浪的形状，也就是我们所感兴趣的"弹头浪"，在图中清晰地表现出来了。这种现象和小船在水中所形成的波是完全一样的，所以依然可以用 2.12 节中的那些几何中的关系式，弹头浪半角的正弦等于弹头浪在空气中扩展速度与炮弹本身飞行速度之比。波浪和声音类似，在空气中的传播速度大概为 330 米/秒。如果拿图 2-25 作为例子，我们应该怎么计算出它的速度呢？

[解]　根据图 2-25 中的两幅图，弹头浪的波峰的角度可以量出来，图 2-25(a) 大约为 80°，而图 2-25(b) 大约为 55°，那么弹头浪的半角也

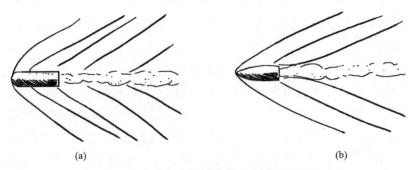

图 2-25 飞行中的炮弹弹头形成的弹头浪

分别是 $40°$ 和 $\left(27\frac{1}{2}\right)°$，经过查表可以知道 $\sin 40° = 0.64$，$\sin\left(27\frac{1}{2}\right)° = 0.46$。我们已知空气波浪扩展的速度为 *330* 米/秒，那么第一种情况下空气波浪扩展的速度除以0.64，为 $\frac{330}{0.64} \approx 520$ 米/秒。第二种情况下炮弹的速度就是空气波浪扩展的速度除以 0.46，也就是 $\frac{330}{0.46} \approx 720$ 米/秒。这里我们可以发现，只要稍微借助一定的物理知识和简单的几何学原理，就可以将一道看似复杂的题目解答出来。如果给你一张炮弹的飞行照片，现在你肯定可以估算出拍照那个时刻炮弹的飞行速度了。

[题] 再给你出一道题，速度不同的三颗炮弹飞行中形成的弹头浪如图 2-26 所示，给你一个机会独立解答出这个题目的答案，也可以考考你身边的人。

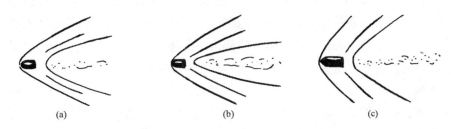

图 2-26 怎样计算炮弹的飞行速度

2.14　诗歌中测水深

[题]　下面给大家看一道古印度人出的题目。他们喜欢把题目用诗歌的形式表达出来。

　　一朵荷花，静静地绽放在水面上，

　　它偷偷地探出半英尺的头来，

　　它亭亭玉立，孤芳自赏，仿佛耐不住寂寞，

　　一阵春风吹过来，

　　荷花被吹到了两英尺以外的地方，

　　这时候，正好划过水面的渔夫捡了起来，

　　这里我有了一个问题，

　　荷花绽放的湖面到底有多深呢？

[解]　我们探讨了水面上的圆圈，又探讨了炮弹的问题，现在又来到了水上。这道印度人提出的荷花小诗中的问题并不难解答，如果你在河岸边或不深的水塘边，水生植物到处都可以找到，无须任何工具，手都不会被沾湿，利用水生植物就可以提供你解答问题的数据，从而得出水的深度。

如图 2-27 所示，荷塘未知的深度 CD 用 x 表示，那么，根据勾股定理，我们可以列出：

$$BD^2 - x^2 = BC^2$$

即

$$x^2 = \left(x + \frac{1}{2}\right)^2 - 2^2$$

得出

$$x^2 + x + \frac{1}{4} - x^2 = 4$$

可以求得河塘水深为 $3\frac{3}{4}$ 英尺（1 英尺 = 0.304 8 米）。

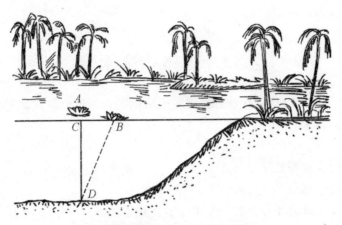

图 2 - 27 印度人的荷花问题

2.15 水中可以看到多少星星

果戈理曾这样描写第聂伯河的夜景："群星在夜空中闪闪发光，可它们又全都倒映在第聂伯河里。第聂伯河将所有的星星温柔地揽在它那幽暗的怀抱中，除非星星在夜空中熄灭，否则没有任何星星能够挣脱第聂伯河的怀抱。"当你站在一条宽广的大河对岸，感觉漫天的星斗都在水面这个偌大的镜子中了。真的所有的星星都在水面上倒映出来了吗？看来即使是晚上的河流也给我们出了难题。

如图 2 - 28 所示，我们来画这样一张图：图中 MN 表示水面，A 表示观测者站在河岸峭壁边缘的眼睛。观测者从 A 点望向河面的话，可以看到多少星星呢？

为了更好地回答这个问题，我们不妨从点 A 出发向 MN 作一条垂线 AD，并将垂线延长至点 A'，且与 AD 的距离相等。如果观测者的眼睛处在点 A 的位置，从点 A 观望星空的实际观测者的视野只能是 BA'C 角度以内那部分星空。由于观测者的眼睛无法捕捉到这些星光反射的光线，所以他没有办法看到这一角度以外的星星。

可是我们又该怎样证明，观测者在河面的映像中看不见处在 BA'C 角度以外的星星呢？如何确信 S 星我们一定看不到呢？

我们根据物理学中光的反射定律，将 S 星投射到离岸较近的 M 点的光线设置为研究对象。S 点的光线在垂直于 MN 的垂线 MP 的角度从水面发生反射，沿着和 MP 相等的入射角 SMP 的角度从水面上反射出去，依据 ADM 和 $A'DM$ 两个三角形全等的关系就可以证明出，角 SMP 要比角 PMA 角度小，这也就证明了 S 星反射的光线并不在角 $BA'C$ 视野范围内，而是从 A 点旁边经过。如果 S 从位于比 M 点离岸更远的地点上，那么观测者就完全看不到从水面反射星星的光线了。

换一个场景，如果你来到一个水面比较狭窄，河岸又低矮的地方，俯下身来，你将看到的星空会比刚才在大河上看到的大很多，几乎可以看到一半的星空，如图 2-29 所示，只要调整好你与河面所成的视角，那么就很容易证明宽广的大河看到的星空反而比小河看到要小很多，的确令人惊奇。这样看来，开头果戈理描写的第聂伯河水面所倒映的星光确实有些夸大，其实我们所能看到的星星远不是所有的，不管怎样看，我们甚至连星空的一半都看不到。

图 2-28　在河水这块镜子里
可以看到的天空

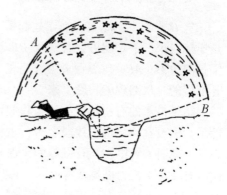

图 2-29　在河岸较低、水面狭窄的
小河里能看到更多的星星

2.16　两点间最近的桥

[题]　如图 2-30 所示，在 A、B 两点之间有一条河岸大致平行的水渠，如果需要在这条水渠上建一座与两岸成直角的桥，而且要保证从 A 到 B 两点之间的距离最短，那么桥应该建在哪里呢？

[解] 如图 2-31 所示，在与河水流向垂直的方向上，经过 A 点画一条直线，并从 A 点出发画一条线段 AC，它的长度与河流同宽，连接 C 和 B，河流与河岸形成一个交点，也就是在 D 点，所以在 D 点架桥可以使 A 点到 B 点之间的距离最短。

图 2-30　在哪里架桥，能使桥与两岸成直角，而且从 A 到 B 两点之间距离最短

图 2-31　架桥位置

从 D 点出发，垂直于河岸建起桥 DE 后，如图 2-32 所示，将 E 点和 A 点连接起来，于是就可以看到 AEDB 就是所走的路径，这其中 AEDC 是一个平行四边形，AE 和 CD 是相互平行的，相对两边 AC 和 ED 既是相等的，又是平行的。从路程的长度上来看，AEDB 与 ACB 是相等的。假设我们对于这一条路是最短的有所怀疑，那么我们可以假设另一条线 AMNB，如图 2-33 所示，假设它比之前的线段要短，也就是比 ACB 短，那么我们将 CN 连接起来后，此时 CN 和 AM 是相等的，那也就是 AMNB 等于 ACNB，显而易见，CNB 比 CB 要长，也就是常说的三角形的两边之和大于第三边，那么也就是 ACNB 比 ACB 长，所以自然也比 AEDB 长。

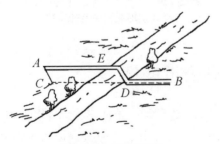

图 2-32　架好的桥

图 2-33　AEDB 的路程确实最短

由此可见 *AMNB* 不但不比 *AEDB* 短，反而要比它更长。你还可以用这种证明方法尝试证明桥建在其他地方的情况，不过不管你如何证明，你会发现 *AEDB* 这条路都是最短的。

2.17　两点间距离最短的两座桥

[题]　还有一个更为复杂的情况，不过这种情况出现的可能性也是很大的。还是要找从 *A* 点到 *B* 点之间建跨河桥最短的方法，不过这一次桥梁之间要跨过两条河流，而且还是要求和河岸所成角度为垂直角度，如图 2 - 34 所示，那这次又应该怎么架这两座桥呢？

[解]　如果你已经明白上一道题目所提供的思考思路，那么在碰到这一道题时，举一反三也能够让自己想清楚该如何解释的。如图 2 - 34 的右图所示，我们先从 *A* 点处出发画一条线段和第一条河宽相等的线段 *AC*，并且这条线段与河岸是垂直的。同样地，从 *B* 点出发画一条和第二条河的宽度相等的线段 *BD*，这条线段也是与河岸垂直的。这样画好后，我们将 *CD* 连接起来，如图所示在 *A* 点架起的桥为 *EF*，在 *G* 点架起的桥为 *GH*，那么从 *A* 点到 *B* 点的最佳线路也就图中标出的 *AFEGHB*，如果你想证明这条线是最短的，也可以用 2.16 节提供的方法。

图 2 - 34　搭建两座桥的最佳位置

Chapter 3
旷野中的几何学

3.1　看月亮的视角

　　我向下看去，那么低的地方看得我头晕目眩！乌鸦盘旋在半空中，看上去还没有甲虫大；背着竹筐在山腰采金华草的人，整个人看起来还没有一个人头大！海滩上走来走去的渔夫，看起来还没有小老鼠大，而停靠在海岸边高大的帆船却如划艇一般，他的划艇更是小到像一个浮标一样，不仔细看都发现不了。

　　这是莎士比亚的《李尔王》中的一段，作品描写了站在海边峭壁上的人从上往下看到的景色。这种描写手法出发的角度是以大多数人的视野为基础的，所以贴近了人们本有的心理习惯，也就自然有深刻的印象。在不说明距离的情况下，远处物体的尺寸和近处其他的物体的大小基本上不在一个数量级上。不过这经常出现在文学作品中，这种常见的文学手法也被很多有名的作家所采纳，使得作品看起来有神秘的色彩，不过形象看起来就不那么鲜明了。

　　所以，书中的比喻，如果给比较物体加上离开的距离远近，也就会使读者对比喻有更清楚的了解。

　　就好像很多人在描述天上满月的大小时，月亮的尺寸可以像盘子，可以像苹果，可以像月饼，各种各样的答案，这就是因为答题的人对问题的实质并不清楚，所以才会使用一些模糊的词语进行描述。比如经常会在比较物体前面加上"觉得""看上去"之类的词语。这只能说明我们看到的是我们眼睛看到的大小。在这里，我们应当注意，在我们观察物体时，被观测物体的边缘会有很多的点进入我们的眼睛并形成一定的角度。这个角度就是"视角"，正是因为视角的存在，我们在不同的距离就会看到不同的大小。人们在对月亮的尺寸进行估计的时候，是和其他物体相比较的，有时候之所以看起来和盘子、苹果等一样，是因为所处的角度正好和这些物体被看到的角度是一样的，不过也有距离的原因，距离近视角大，距离远视角小。

　　如果你是第一次听说"视角"的概念，可能会不太相信这个概念，不过这是真实存在的，让我们来看看其中的原因。在平时的生活中，我们没有习惯去估计角度的大小，而什么叫小角度，很多人也没有概念，其实我们在看月亮时的视角就只有半度，只有那些习惯测量角度的专业人员，像土地测量者、绘图人员才会明白角度大小的概念，不过比较大的角度在我们生活中还是很常见的。比如我们家里的钟表，表盘上都是有标记时间的，我们对90°、60°、30°、120°、150°这些角度十分了解，甚至如果表盘上没有数字标记，通过时针和分针之间的角度也可以读出时间来，但是角度一旦变得很小，视角可能就无法估计了，哪怕是近似也很难。

前面我们也讲过，如果想有一个准确的说明，那么除了角度以外还要知道是在多远的距离之外观察的。这里举个例子，你拿一只苹果，然后把苹果用绳子吊起来，然后你慢慢向后退，在退的时候看着苹果，直到苹果把整个月亮都遮住为止。那么就证明你现在站的位置，月亮和苹果具有相同的可视尺寸，测量一下你们之间的距离为10米，可见如果想和月亮有相同的视角，必须离开这么远，当然如果你换成盘子或者是其他东西，整个距离还会跟着一起改变的。或者你干脆就手拿着苹果也可以，也会发现月亮甚至是一小部分天空都会被苹果挡住——可是实际的距离要比人们想象的要远很多很多。

3.2 记住 "57"

生活中有没有1°角呢？我们可以找一个身高大约1.7米的人，那么他离我们多远的时候才是在我们看他的1°视角里呢？我们可以这样推理，如果我们想要计算一个圆的半径，对于小角度来说，弧长和弦长基本上没有差别，所以圆心角为1°时对应的圆弧长度为1.7米，几何上圆心角1°对应的弧长为1.7米，那么圆的整个周长长度就是 $1.7 \times 360 = 612$ 米，根据公式可以知道半径是圆周长度的 2π 分之一，如果以 $\frac{22}{7}$ 作为 π 值，那么半径就是：

$$612 \div \frac{44}{7} \approx 97 (米)$$

因此，如果我们看他的视角是1°的话，这个人就要离我们大概100米远。如图3-1所示，如果他再走远一些，走到200米以外，那么我们就只能在 0.5°的视角下看到他了，如果走开 50 米，也就是 2°的视角，这都是很好推算的。

图 3-1 看向 100 米外的人的视角为 1°

同样的道理，如果是 1 米长的标杆，在 1°视角下离我们的距离就是 $360 \div \frac{44}{7} \approx 57$ 米。当然也可以是 1 厘米长的木杆，距离大约是 57 厘米，1 千米的物体距离大约是 57 千米，总是 57 这个数字后面加上不同的数量级，一切物体在相当于它的直径的 57 倍的距离看去视角都是 1°。那么记住 57 就可以迅速地进行运算了。我们也可以用这个方法计算出看上去与月亮尺寸一样的任何物体所处的距离。

如果有一个苹果直径为 9 厘米，你想在视角为 1°的情况下看到它，那么应该把苹果放在多远的地方呢？我们只需要用 9 乘以 57，得出结果为 513 厘米，也就是 5 米左右。如果这个苹果和我们的距离增加一倍，那视角将少一半。

3.3 和月亮一样 "大" 的盘子

[题] 假设现在有一个直径为 25 厘米的盘子，把这个盘子放到多远的地方才能够使它看起来和天上的月亮一样大呢？

[解] $0.25 \times 57 \times 2 = 28.5$（米）

3.4   和月亮一样 "大" 的硬币

有一个很有趣的视错觉现象，就是月亮的表面在很多人看来会比实际大小增大 9 到 19 倍。为什么会发生这样的现象呢？这是由于月亮的亮度而产生的错觉，在天空中，一轮明亮的圆月在环境中显然会比苹果、盘子等物体看起来更显眼一些。这道理就好像灯泡烧红的灯丝要比没有点亮的、冷的灯丝粗得多一样。就连一些眼光犀利的画家也受到这个错觉的欺骗。他们在绘画作品中，经常把月亮画得比看起来大很多，如果拿他的画作和照片做对比，就会显而易见了。

[题]   如果将上一题的盘子换为直径为 22 毫米的 3 戈比硬币和直径为 25 毫米的 5 戈比硬币，我们再来计算一下距离。

[解] $0.022 \times 57 \times 2 \approx 2.5$（米）
                       $0.025 \times 57 \times 2 \approx 2.9$（米）

其实用人的肉眼观察月亮的话，能看到的大小和几步之外的 3 戈比硬币或者 80 厘米之外的铅笔笔头大小差不多。不信的话你就找来一根这样的铅笔，拿着它对准天上的月亮，伸出手臂，是不是发现月亮不见了呢？如果说最适合和月亮进行尺寸对比的物体，既不是我们之前提到过的盘子、苹果，也不是樱桃、硬币，而是火柴棒的头或者就是一颗小小的豆子，一般火柴头在距离人眼 25 厘米的时候，视角为 0.5°的情况下看起来是和月亮一样大的。之前用苹果或盘子做实验都是假定它们离我们很远的距离才能达到的，其实在我们手中的盘子或者苹果要比月亮表面大将近 20 倍。当然，这上面的描述也适合于天上的太阳，它的直径是月亮的 400 倍，所以离我们自然也会远上 400 倍，不过看太阳的视角却依然是 0.5°。

3.5   虚假照片的小把戏

这是电影《鲁斯兰与柳德米拉》里的一个镜头（图 3 - 2）：一个巨大的人头被放在离摄影机很近的模型场地上，而在很远很远的地方，鲁斯兰

骑在马上。这时候画面上看到的就是一个骑在马上非常渺小的鲁斯兰和一
个巨大无比的人头。正是因为远近的不同才让电影画面上产生巨大差异的
效果，图 3 - 3 也是这种产生错觉的例子。

图 3 - 2　电影《鲁斯兰与柳德米拉》中的一个画面

　　如果在你的眼前有一幅美丽的风景照片，你肯定会联想到照片里所展
现的远古时代的大自然景象。在一棵巨大的苔藓怪树上，挂着巨大的水珠，

树前有一只巨兽，它的外形看起来像
一只潮虫，感觉并不会伤人。这样的
景象不知道是在哪里拍的，不过既然
照片上有就应该是存在的。其实这只
是在拍摄的时候使用了角度不同的小
伎俩，只是在一块土地上拍摄的，并
不是在什么远古的大森林。那些我们
从未见过的诡异景象只是照片上显示
出来的，真正将照片上的物品恢复原
貌，其实它们小得像蚂蚁一样，根本
就不是什么庞然大物。

　　有一些造假的新闻，也是利用这

图 3 - 3　根据实物拍摄的神奇照片

样的角度错位的方法让读者相信照片上的事物的。比如，一家报纸曾刊登了一张介绍山岩裂缝的照片，郊外的山岩裂缝大得可以进入一个人。这样的照片真的有人相信了，一群冒险家们想要亲自去看看地洞，就按照报纸登的地方去探险，结果却一去不复返。当另外一批志愿者去寻找他们的时候，发现这张照片哪里是在裂缝前面拍的，分明就是在一堵结冰的墙面上的一条细缝前拍摄的，这个缝的实际宽度只有1厘米。

据说，这家报纸还曾刊登过一篇简讯，说城市街道上堆积了很大的雪山，而市政当局却置之不理，而且简讯旁还配发了一幅照片为证，如图3－4(a) 所示，这其实完全是摄影师的恶作剧，他从非常近的地方拍一个小雪堆，将视角变大就可以达到图3－4(b) 所示的效果了。如此简单而容易被识别的小手段却骗了很多人。可见无知是多么可怕。

图3－4　照片上的雪山（左）和实际的雪堆（右）

这都是为了解释视角的概念。在电影院里，当银幕上放映出列车相撞的惊险镜头时，当汽车可以在海底行驶时，小时候看会觉得这样的画面太不可思议了，可是看到下面的几个例子，你就知道在电影制作中一些常见的特效镜头的拍摄方法了。

有一部电影叫《格兰特船长的孩子们》，其中有很多情节都给人留下了很深刻的印象，比如小男孩儿在沼泽地里被一群鳄鱼包围，在暴风雨中沉没的轮船等，这些画面都是在真实的场景下拍摄的吗？孩子们肯定会有这样的问题，不过大一点了你就知道这些镜头是制作出来的效果，怎么可能让一个那么小的小孩儿在一群鳄鱼中间呢。下面几幅图片就要向你解开电影中的秘密了，如图3－5所示，电影中的火车灾难其实是用一列玩具火车在玩具布景下发生的，图3－6中的小汽车也是玩具汽车，找人用一根线牵引玩具汽车，放在一个大玻璃水箱后面，也就能够达到电影中水下行驶的效果了。可是，为什么在看电影的时候我们却完全没想到这些景象是如此布局的呢？秘密就在于我们无法将这些物体和其他物体的尺寸做对比，如果比较了就知道这些物体一看就是缩小了很多的，但是近距离拍摄就发现不了了，所以观众在荧幕上看到的火车汽车就像我们平时看到的火车汽车一样。

图3－5　电影中的火车事故

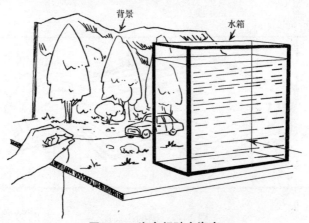

图3－6　汽车行驶在海底

3.6　可移动式测角仪

在不借助任何仪器的情况下，怎样做出一个直角呢？前面我们向大家介绍了很多简单易行的方法来解释生活中的科学，这一次，我们同样向你介绍一种只要用自己的身体就可以做直角或者测量角度的方法。

首先，站在某一点上，经由这一点朝着指定方向画一条垂线，然后你就朝着这个方向站着，朝着你要画线的方向伸出手臂，头不要旋转，将大拇指竖起来，再把头转过去。经过大拇指向前望去，如果你伸出右臂就用左眼看，相反就用右眼看，然后看过去，找到一个正好被大拇指遮住的物体，不管是石头也好，灌木丛也好，都是可以的。只要从你站着的地方也找到一个物体，画一条直线，那么这就是你想要的垂线了，这个移动式的活体测定仪看起来不怎么可靠，它需要短期的训练才能达到一定的精确度的。

借助这个现成的"移动的测角仪"可以使你在没有任何器材的情况下测出星球与地平线之间的角度，测出星体间距离的角度，等等。当然你也可以不用仪器，按照如图 3 - 7 所示的方法绘制任意一小块地形平面图，比如可以应用于测量一个位置的小湖面，首先画出一个长方形，然后在湖岸边找一些特征明显的点，从这些点引出垂线，再量出来长方形顶点到这些垂线的距离即可。

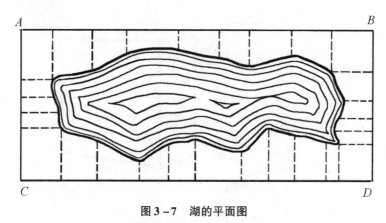

图 3 - 7　湖的平面图

　　如果你想要制作一个构造简单的测角仪也不难，如果有分角仪那就更容易了，在前面几节中我们也介绍过各种测量高度的仪器。不过在你出去玩的时候，不会每时每刻都将测量工具带在身上。这时，有一个和我们一直在一起的可以移动的活体测角仪就有它的价值了，估计你又要好奇这是什么了。其实很简单，就是我们的手指，利用我们的手指就可以简单地估算视角角度，并通过测量和计算快速得出答案。

　　想象一下如果你在当年鲁滨孙流浪的小岛上，就可以用自己的手或者脚进行距离和角度的测量了，可谓手脚并用。所以在空旷地带郊游时，用到身体测角仪的机会还是很多的。不过在用身体进行测量之前，首先应当弄清楚，我们食指指甲在向前伸出手臂时构成的视角是多少。一般成人的指甲宽度为 1 厘米，而指甲与眼睛间的距离在手臂伸直的姿势时，大约为 60 厘米，我们知道 1°的视角的距离为 57 厘米，所以，我们看到指甲时的视角略小于 1°，大约可以记为 1°。而未成年人的手臂短一些，对应地他们的指甲也会略窄些，所以他们的视角也大概为 1°。如果你觉得用食指测量误差会很大，你也可以试试其他的手指，只要用我们之前学过的知识就不难了。知道了这一点，就可以用这个方法进行徒手测角了。

　　如果你伸出手臂后恰巧能够用食指指甲遮住远处的物体，那么它的视角就是 1°，离你的距离就是它本身宽度的 57 倍，如果只遮住一半的物体，那视角就是 2°，距离也就是它宽度的 28 倍。比如遮住满月就只需半个指甲，也就是说看满月的时候视角角度为 0.5°，它距离我们也就是它直径的 114 倍那么多。天文学上才能满足的测量用我们的手指就能完成，这是多么神奇啊。

　　当需要测量的角度比较大时，也可以用大拇指带指甲的一节，弯曲后与下一节成直角，然后同样伸出手臂即可。这时候伸直手臂时，弯曲的拇指距离眼睛为 55 厘米左右，而成人拇指的这一节的长度大约是 3.5 厘米，这时候就很容易算出来视角为 4°，所以用大拇指可以测量一些大角度，只要是 4°视角的倍数就好。

　　举个例子，远处驶过一节铁路货车，你看到后伸出自己的一只手臂，弯曲大拇指，如果弯曲大拇指第一节的一半遮住了整节车厢，这时候看车厢的视角大约为 2°。如果火车的长度约为 6 米左右，那么就能算出来车厢离我们的距离了，$6 \times 28 \approx 170$ 米。这个结果虽然是一个近似值，不过比目测得到的结果还是要可靠不少。这里还有两个角度是你在用手测量时经常会用到的，第一个就是我们伸出手臂后，如果尽可能地将食指和中指分开，这两个手指之间间隙的视角是7°~8°，第二个是大拇指和食指，它们以最大限度分开后，两个手指之间的角度视角为 15°~16°。

3.7　雅科夫的测角方法

我们可以自己动手制作一个比 3.6 节讲的活体测角仪更加精准的仪器。这个仪器做起来也不难，我们的祖先也用过这样的仪器，发明这个仪器的科学家叫雅科夫，于是就以他的名字命名了这个仪器，叫"雅科夫测角仪"。后来这个仪器曾被航海家们广泛使用到 18 世纪，如图 3-8 所示，直到发明了更加精准实用的测角仪也就是六分仪后才代替了"雅科夫测角仪"。

一根长 70~100 厘米的长竖杆 AB，还有一个能在杆上滑动又垂直于木杆的 CD，这就构成了测角仪。其中，在横杆上，CO 和 OD 的长度是一样的。如图 3-9 所示，假如你需要用这个测角仪测量两颗星体 S 和 S′的角距。为了方便观察，可以装一片钻有小孔的铁片，把眼睛贴近测角仪的 A 端，调整测角仪的方向，朝 S′看去，使得在测角仪的 B 端可以看到 S′星。然后沿着 AB 方向移动 CD，直到 C 端可以正好挡住 S 星（图 3-8）。现在测量出 AO 的距离，CO 的长度是已知的，那么就可以计算出角 SAS′的度数。学过三角函数知识的人都明白，未知的角 SAS′角的正切等于$\dfrac{CO}{AO}$；在本书 Chapter 5 中将会介绍这部分知识；然后你可以用勾股定理计算出 AC 的长度，再求出角度。

你可能会问，横杆的另一半的用处是什么呢？其实横杆的另一半是用来以防万一的，如果角度被测出来过大，那么就没有办法用刚才的办法进行测量了。在这种情况下，竖杆 AB 对准的并不是 S′星，而是经过移动横杆 CD，使得 AD 对准 S′星，这个时候横杆的 C 端也是正好能够对准 S 星的（图 3-9）。关于计算的方法或作图的方法来找出角 SAS′的大小就不是难事了。这样也是为了避免每次测量时都要计算或作图的麻烦，在制作测角仪前需要计算好了然后把结果在竖杆 AB 上标记出来，这时候，只要用测角仪对着星体，就可以从 O 点读出读数了，也就是我们测的角度的值。

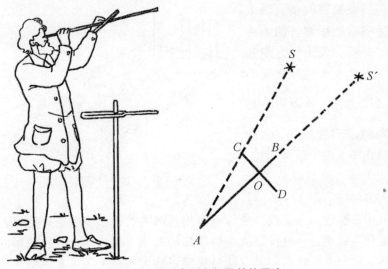

图 3－8　雅科夫测角仪及其使用法

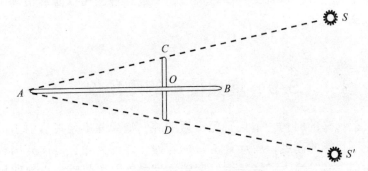

图 3－9　使用雅科夫测角仪测量星体间的距离

3.8　钉耙测角方法

有一种仪器叫"钉耙测角仪"，如图 3－10 所示，这种测角仪制作起来要比之前介绍的简单容易很多，虽然制作简单不过也能够测量角度的数值。这个仪器外观看起来很像钉耙，所以才有了这个名字。

接下来让我们来仔细观察这个测角仪，它的主体部分是一块木板，形状是没有要求的。将一块带孔的小片固定在这块木板上，小片上的小孔是用来进行眼睛观测的。而木板的另一端则用细长的大头针钉上一排，大头针之间的距离与木片和大头针之间的距离之比为 $\frac{1}{57}$，所以用小孔进行观测的时候视角为 1°。也可以在墙上画一条平行线，间距为 1 米，然后朝着和墙垂直的方向向后退 57 米，再

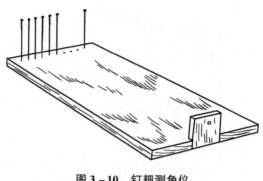

图 3 – 10　钉耙测角仪

从小孔中观察这两条直线，使每两个相邻的大头针都能够正好把墙上的平行线遮住，这也是一种设置大头针位置的方法，而且这个方法的精确度更高一些。钉好大头针后，可以通过拔掉一些大头针来测量不同的角度，这个测角仪的使用方法也就很容易掌握了，不过这种测角仪能够精确的最小视角为 0.25°。

3.9　炮兵使用的测角仪

在发射炮弹的时候，炮兵是怎么做的呢？炮兵并不是盲目射击的，他们先确定了目标的高度，后计算出目标与地平线的夹角，再计算出和目标之间的距离，有时候为了将一个目标转移到另外一个目标，火炮的角度应该调整为多少呢？

在进行上面的计算时，炮兵们都可以心算，如此快的解题速度是怎么做到的呢？

从图 3 – 11 中我们可以看到，AB 是半径为 $OA = D$ 的圆周上的一段弧，ab 是半径为 $Oa = r$ 的圆周上的另一段弧。那么，从两个相似的扇形 AOB 和 aOb 我们可以写出下面的比例式：

$$\frac{\widehat{AB}}{D} = \frac{\widehat{ab}}{r}$$

公式转化为

$$\widehat{AB} = \frac{\widehat{ab}}{r} D$$

$\dfrac{\overset{\frown}{ab}}{r}$代表视角 AOB 的数值，知道上面的比例以后，就可以根据已知的 D 的值计算出$\overset{\frown}{AB}$的数值，或者根据$\overset{\frown}{AB}$的数值也可以算出 D 值。

图 3 – 11　炮兵使用测角仪示意图

炮兵在计算时会进行简化，他们并不是将圆周分为 360 等份，而是分得更细了，分成了 6 000 等份。如果这样细分的话，每一等份的长度也就相当于圆周半径的$\dfrac{1}{1\,000}$。如图 3 – 11 所示，假设我们用圆 O 中的弧 ab 表示一个分度单位，那么圆周的全长度为 $2\pi r\approx 6r$，而弧长 $ab\approx\dfrac{6r}{6\,000}=\dfrac{1}{1\,000}r$。这个单位被炮兵们称为"密位"。所以

$$\overset{\frown}{AB}\approx\dfrac{0.001r}{r}D\approx 0.001D$$

因此，测角仪上一个分度（一"密位"的角度）相当于我们实际情况下的距离，这里我们就把距离 D 中的小数点向左移动 3 位就可以了。

在用口语或者电讯号下达命令或者报告结果的时候，这种度数会像电话号码一样被报出来，也就是"密位"106 读作"一〇六"，而写作：

"1—06"

"密位" 8 读作"〇八", 而写作：

"0—08"

有了上面的知识，我们就能很快地解答下面的问题了。

[题] 从反坦克上看另一辆坦克，假如这辆坦克高为 2 米，密位角为 0—05。那么反坦克和坦克之间的距离是多少？

[解] 根据已知条件，测角仪5 密位相当于 2 米，测角仪1 密位相当于 0.4 米。由于测角仪上的与之相当的弧长也就是一密位，是距离的千分之一，那么与坦克之间的距离是弧长的一千倍，即：

$$D = 0.4 \times 1\,000 = 400(\text{米})$$

如果指挥员或者侦察的战士手上没有测角仪，用我们前一节学到的活体测角仪——自己手边的帽子或者自己的手掌、手指，就可以进行测量了，只是炮兵所要得到的是"密位"而不是角度的数值。

下面是一些物体的"密位"近似值：

中指、食指或无名指 ·················· 0—30

手掌 ······························· 1—20

圆杆铅笔（宽度）·················· 0—12

火柴长度 ·························· 0—75

火柴宽度 ·························· 0—03

3 戈比或 20 戈比硬币（直径）·········· 0—40

3.10 看不清的横纹图

通过前几节内容的学习，相信你对物体角度的概念你已熟悉得差不多了，你也应该明白视觉的敏锐程度是如何测验的了，下面你可以做类似的测验。

[题] 如图 3 - 12 所示，在 2 米以外的距离，用眼睛观测图上的线条，会发现自己看不清楚，线条变得好像混在一起，那么这个时候是你的眼睛出了问题吗？你还是正常的视觉敏锐度吗？

[解] 结合已学的知识，我们已经知道如果想要看到 1 毫米宽的线条时的视角为 1°，即 60′，你必须站在距离 57 毫米的地方。如果把这个距离

放大到 2 000 毫米以外后再看这个 1 毫米的
线条，将视角设为 x，可以列出下面的比例
式来算出：

$$x:60 = 57:2\,000$$

$$x \approx 1.7'$$

即你的视觉敏锐度仅为 1:1.7，约等于
0.6，是低于正常的数值的，所以看不清楚
也是正常的。

图 3-12 中的图形我们也可以自己亲手
制作，图中的黑线总共有 20 条，长度都是 5

图 3-12　视觉敏锐度测验图

厘米，宽度都是 1 毫米，所有的线条的长度和宽度都是一样的，所以才能够
组成一个正方形。做好了这张纸以后，只需要把它贴在墙上，然后慢慢向
后退就可以做这个实验了。你会发现，在你不断向后退的时候，这张图里
的直线会逐渐混在一起，慢慢地连背景也变得模糊一片，你也就可以像上
面的计算步骤那样计算出无法辨认 1 毫米线条时的视角了。如果这个角度等
于 1′，那就说明你有正常的视觉敏锐度，而上面得出的数据已经达不到标
准的状态了，所以看不清并不稀奇。

3.11　你能看清的最远距离

契诃夫在他的中篇小说《草原》中生动地介绍了一位"千里眼"的特
异功能。

瓦夏的眼睛很尖。他可以看到很远的地方，那些荒凉的土地和草原在
他看来充满了生机和活力。因为他的眼睛里不仅可以看到草，还可以看到
隐藏在草丛之间的动物们，像狐狸、野兔这些动物都尽收眼底，那些躲着
人走的动物却躲不开他的眼睛。如果说他能看到奔跑的野兔和飞翔的大鸨，
你觉得这没什么了不起，不过你一定看不到如家庭般正在生活的动物，比
如正在嬉戏的小狐狸们，正在用爪子洗脸的野兔，正在互相啄羽毛的大鸨，
马上要钻出蛋壳的小鸨，这些就只有瓦夏能看得到了。他每天看到的世界

比我们大家看到的要精彩美丽得多，那是他独有的可以观赏的世界，但是我们也没办法嫉妒他，即使他看得着迷。

瓦夏为什么会有如此敏锐的视觉呢？

在3.10节中，我们讲到如果视角小于1′，即使是正常的眼睛也会看不清那些横纹线条，这一点不仅适用于线条，任何物体都是一样的。只要条件为小于1′，那么被我们观察的对象就无法被辨认了。这些物体都会变成一个模糊的点而无法看清它的大小和形状。上面说过的一切，不管是对就在眼前的十分渺小的物体也好，还是远在天边十分庞大的物体也好，都是可以解释的。空气里的尘埃的形状之所以不能被我们所辨别，就是因为在太阳光的照射下，原本形状各式各样的尘埃在我们的眼中都只会变成一个个微小的点，而且形状一模一样。同样的道理，我们无法看到昆虫身上细微的结构也是因为视角角度小于1′，同样的例子还有很多，如果用肉眼观察天空中的天体，我们只能想象月亮或者其他行星上面的情况，于是科学家发明了望远镜，对于微小的物体，科学家们同样发明了显微镜。

显微镜和望远镜具有魔术般的神奇作用，这两种仪器改变了被观测物体的光线的路径，使得光线以较大的角度进入人眼，因此物体的视角也就被放大了。我们一般说到的显微镜和放大镜是100倍的，也就是我们可以以我们普通人眼100倍的视角观察物体，这样也就能够看到那些在我们视觉敏锐极限之外的肉眼看不到的细微物体了。

假设我们看到一轮满月的视角为30′，由于月球的直径为3 500千米，那么月球上将会有$\frac{3\ 500}{30}$也就是约120千米的地段，我们的眼睛是无法观察到的，那些地段都会变成黑色的小点，除非有光学仪器才能看到细微的部分。不过如果我们用望远镜去观察月亮，因为可以放大100倍，那么月球表面无法被看清的地段会变小，大概是$\frac{120}{100}=1.2$千米，如果再换一个放大倍数更大的望远镜，比如用1 000倍的望远镜去观察这个地段的直径就会小到120米了。在如此小的直径下，如果月球上也有人类在建设工厂或者什么东西，我们用望远镜就完全可以跟踪他们的行迹了。

如果我们的视角能够变得更远一些，那我们看到的世界可能就像书中的瓦夏看到的世界一样精彩神奇了。如果只是把我们的视觉敏锐的极限由原来的 1′ 减少一半，变为 0.5′，那么这时候世界就会变化很大了。仔细想想，如果想拥有和瓦夏惊人的敏锐视觉，只需要将视觉辨别的极限从 1′ 降到 0.5′ 就可以了。

对于正常人来说，1′ 是他们视角敏锐程度的极限，这里面的原因除了几何学以外还包括了生理学以及物理学等方面的知识，既然我们现在在学习几何学，我们就只看有关这方面的问题。

[题]　对于视力正常的人来说，如果拿一个可以放大 3 倍的望远镜来观察，能不能看到一个在 10 千米以外骑马的人呢？

[解]　由于骑马的人大概高 2.2 米，那么对于一个普通的人来说，用他正常的视力来看骑马的人的轮廓应该会在 2.2 × 3 400 ≈ 7 千米距离外变成一个点。如果用能够放大 3 倍的望远镜观察，这个距离就会变得远一些，大概是在 21 千米以外，所以用这个望远镜看是可以完全清晰辨认的。

所有远离我们的距离达到自身直径的 3 400 倍（即 57 × 60）的物体，由于我们的视力具有上面的特点，所以我们都看不到那些物体的轮廓，只能看到一个小点。这个视力极限的定理在我们的日常生活中也是很有作用的。如果一个人说他在距离你 250 米的地方还看到了你的面孔，那他一定是骗你的，他不会有这么神奇的眼睛的，即使他的视力再好，由于两只眼睛之间的距离为 3 厘米，他的眼睛在（3 × 3 400）厘米，即大约 100 米的距离时就已经模糊成一个点了，更何况是 250 米，这样的话可千万不要相信。前面我们讲到的炮兵目测距离也是用的这样的原理。他们的规定是如果在他们看来，远处一个人的两只眼睛还是两个分开的点，那么和他的距离为 60 ~ 70 米。军人的条例大概会低 30%，指的是视觉敏锐度略低的情况，也就比我们的 100 米小一些。

3.12　天空中"忽大忽小"的月亮

一轮满月在它高挂在天空的时候要比它在地平线上的时候小很多，这个现象恐怕很小的孩子也会发现的。太阳也是一样的情况，刚升起来的太阳或者快要下山的太阳，比它晌午高挂空中的时候要大很多，去看过日出日落的朋友肯定感觉更加深刻，不过高挂空中的太阳你可不要直接用眼睛去看，那个时候它的光太刺眼，会对眼睛不好的。

那么星星是怎样的呢？这一特点在星星那里表现为它在接近地平线的时候，星星之间的距离看起来好像变大了，而且，有一点使我们很疑惑，星星刚升起来或者落下去的时候，我们感觉它并不是离我们更近而是感觉离得更远了。在图3－13中，我们可以很容易地看到，在 A 点这个位置观察头顶上天空的星体，而在 B 点或 C 点观察地平线附近的星体。这也就是为什么在冬天观察低垂在地平线上和高挂在空中的猎户星座，会惊奇于星座在两个位置上大小的巨大差异了，夏季的天鹅星座也是如此。

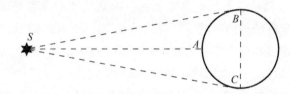

图 3－13   为什么太阳在地平线上时比它高挂在天空时离我们更远

下面我们就来探究一下为什么在地平线附近的太阳、月亮或者星星都会在我们眼中变大。其实这是一个错觉，并不是太阳、月亮、星星变大，而是它们在我们的眼睛里变大了而已。这里我们可以借助之前我们学习的测角仪来证明，用钉耙测角仪或者其他的都可以。这并不难证明，不管是悬挂在空中的月亮还是已经落在地平线上的月亮，它们的视角都是在同一个半度之下，所以利用测角仪就可以证明星星之间的角距与星座处于天空或者地平线上的位置是没有太大关系的。也就是说，所谓的"变大"只是光学的错觉所导致的。

这个问题早在两千年前就有人想要解决了。据史料记载，科学界从古希腊的天文学家托勒密开始，就试图要解答这个问题，不过一直到今天都没有人能够给出一个最完善的答案。如此巨大并且普遍的视觉错误到底是什么原因呢？下面的这个说法和这个视觉的错误有很大的关系，天穹在我们看来是一个截球体，由于我们的眼睛在一个普通的位置上，所以能够看到的所有水平方向上的距离都是大于垂直方向的距离的，也就是我们看到这个球体的高度要比半径小一半或者三分之二，也就不是标准的半球面。所以当我们用直线目光观察物体时是有限的，很多其他方向上的物体都需要我们的目光抬高或者放低才能看到。所以如果我们躺在大草原上看月亮，这时候月亮在天上反而要比在地平线上大很多。当然这需要地球的大气层完全透明和均匀分布，但是实际上空气的分布并不均匀也不透明。有时候即便放大很多倍也会看不清楚，所以很多天文台才会建在山顶上，因为那里的空气比较清澈，有利于使用高倍数望远镜进行观察。仰卧观看所看到的现象又引出了一个难题，我们眼睛观察的方向会使物体看起来的尺寸发生变化吗？

　　如图 3 - 14 所示，对于扁圆而不是浑圆的天穹，在不同的位置看到天体的大小一目了然，原因也很简单。不管是高挂在天空也就是高度为 90°，还是在地平线上也就是高度为 0°，这时候在半度的视角下都可以看到天空上的月亮表面，但是我们并不认为月亮和我们的距离是相同的，因为月亮在移动的时候，我们觉得它离我们更近一些，因此也会觉得大小是有变化的，同一角度中离中心点比较近的地方可以容下的圆要比离中心点远的地方小。由于以上原因，图 3 - 14 左边图表明随着星星不断靠近地平线，它和中心点的距离好像变长了，所以本来相同的角距看起来也就不一样了。

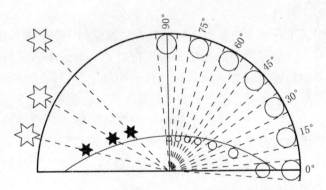

图 3 - 14　扁圆的天穹对星体视大小的影响

　　还有一点值得我们研究，比如在欣赏地平线上那一轮巨大的明月时，你有没有发现月亮的表面有没有斑点或者条纹呢？你会发现并不存在，不管月亮是在地平线还是高挂空中。可是为什么如此放大的月亮表面却看不到细微的地方呢？这种放大其实并不是望远镜的放大，这个道理在之前的文章中也讲到过，因为这里没有改变视角的大小，所以细微的部分是很难看清楚的，这里月亮变大只不过是视觉的错误罢了。

3.13　月球影子的长度

其实，视角还可以被用来解决一些其他的问题。比如，空间中的任何物体都会在空间投下阴影。在计算阴影的时候，不用从三角形的相似关系来列出太阳和月亮的直径以及它们之间距离的比例式也可以进行计算，所以这种算法要简单很多。我们知道月球在宇宙空间会有一个圆锥形的阴影，这个阴影一直跟随着月亮，那么我们看着这个圆锥形阴影末端上的一点，也就是圆锥形的顶点，如果从那儿远望，会看到什么呢？这个时候就只能看到一个黑乎乎的圆盘，因为月球所有的光线都被太阳遮住了。前面我们也推导出观测者如果在半度视角下能看到的物体，那么与物体的距离就是物体直径的 114 倍，那么刚才的情况就代表月亮这个圆锥形的阴影顶端与月球的距离是月球直径的 114 倍，这样也就能够算出阴影的长度了。月球阴影的长度是：3 500×114≈400 000 千米。

这个距离比地球到月球的距离还要长，不过正是因为这个原因，才会发生日全食的现象。

刚才我们讲了月球，如果想计算地球在宇宙空间中的阴影长度也不难。根据上面的知识，假设阴影的圆锥顶端视角也是 0.5°，那么它的阴影比月亮长，只要我们知道地球直径比月球直径长出的倍数，地球的阴影长度也就相应地比月球长出多少，这个倍数大约是 4 倍，也就是长出 3 倍。

当然，这个方法对于计算更小的物体的空间阴影也是适用的。比如我们计算平流层中热气球球体充满气体的时候，气球的圆锥形影子在空中的长度也可以用上面的方法。假设气球的球体直径为 36 米，它的影子在顶端视角为半度的情况下长度为：

$$36×114≈4\ 100（米）$$

因为我们设定的是 0.5°角，所以上面的情况也相应地都是半影而非全影。

3.14　云彩离我们有多远

　　仰望天空，当有飞机飞过的时候，飞机经常会在蔚蓝色的天空中留下一道白色的长长的尾巴，这时候你也许会觉得这是这架飞机留给天空的印记，为它曾经在这片天空翱翔过留下纪念。当然你也不必惊讶，这个记号并不是飞机有意而为，其实是在寒冷而潮湿而且又有很多尘埃的空气中所形成的雾气，飞机在飞行中不断向空中喷发微小的颗粒，这是飞机发动机喷发的，这些细小的颗粒恰好就在水蒸气聚集的地方，于是也就形成了云。假如在这朵云还没散去的时候，测出云的高度，间接也就能够知道飞行员当时飞行的高度了。

　　[题]　如何确定一片不在我们头顶上的云的高度呢？

　　[解]　这个时候就需要相机的帮忙了。这个复杂的仪器在现代社会中被大众所喜爱，人们现在更是有走到哪儿拍到哪儿的习惯。题目中的情况我们需要准备两台焦距相同的相机，然后把这两台相机放在高处，且两台照相机在相同的高度上。如果是在荒野上，可以借用三脚架，如果是在自己家里的房顶上，也可以放在台子上，两台相机放的位置要能使两个地方的观察的人可以用眼睛或者用望远镜看到对方，并且两台照相机的光轴是互相平行的。两台照相机之间的距离是可以根据地图地形的平面图计算出来的。

　　当所要拍摄的云进入相机的视野内，其中一个测量者就挥手示意另一个人，两人同时拍下一张照片，洗印出的照片应严格和底片是相同的，这样我们就可以在照片上进行计算。首先我们在照片中连接相对两边的中点，画出直线 *YY* 和 *XX*，如图 3 – 15 所示。

　　然后，在每一张照片上选出云中的一个共同点做上记号，量出它距离直线 *XX* 和 *YY* 各多少毫米。接下来，我们用 $x_1 y_1$ 和 $x_2 y_2$ 分别表示第一和第二张照片上的这两段距离。假如我们在其中一张照片上选定的一个点是在 *YY* 这条线的右侧，那么如图 3 – 15 所示，在另一张图片上，这个点就在左侧，这时候就可以列出计算云高度的公式：

$$H = b \times \frac{F}{x_1 + x_2}$$

　　其中，*F* 是焦距（单位为毫米），*b* 是基距长度（单位为米）。

　　如果我们标记的两个点都在直线 *YY* 的同一侧，那么计算云高度的公式

图 3 – 15 云的两张照片

会变成：

$$H = b \times \frac{F}{x_1 - x_2}$$

在拍照的时候，如果相片的底片是十分严密对称地装在底片匣中的话，那么照片里 y_1 和 y_2 的高度应该是一样的，不过实际上会有一些误差，这也是正常的。所以我们在计算云的高度时，即使没有这两个数值也是可以的。之所以测出 y_1 和 y_2 的距离只是为了确定拍摄的准确性。

如果代入一定的数值，就可以通过公式得到距离到底有多少，比如给各个变量赋值：

$$x_1 = 32(毫米)，\quad y_1 = 29(毫米)$$
$$x_2 = 23(毫米)，\quad y_2 = 25(毫米)$$

假设镜头焦距 F 为 135 毫米，基距（两台照相机之间距离）b 为 937 米。

照片显示，选定的这两个点在 YY 线的另一侧，所以应该采用下面的公式来测定云的高度：

$$H = b \times \frac{F}{x_1 + x_2}$$
$$= 937 \times \frac{135}{32 + 23}$$
$$\approx 2\,300(米)$$

即所拍摄的云朵离地面的高度为 2 300 米。

如果你想进一步研究上面的公式是怎么推导出来的，图 3 – 16 所绘制的示意图可以帮助你。将这幅示意图放在一个空间图中，这是在研究立体几何的时候经常会用到的空间概念。图形 I 和图形 II 表示照片底片图，照相机镜头的光中心为 F_1 和 F_2；云上被观测的点为 N；N 点在底片上形成的图像为 n_1 和 n_2；从每张底片的中心向云层平面画出的竖直线为 a_1A_1 和 a_2A_2；基距也就是 $A_1A_2 = a_1a_2 = b$。

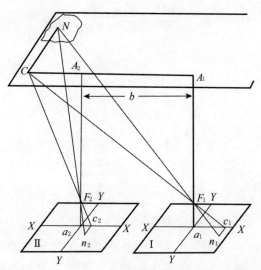

图 3 –16　两架照相机拍摄的云层照片中的某一点的图解

假如从光心 F_1 沿 F_1A_1 上移到点 A_1，然后从 A_1 点顺着基距线平行移动至点 C，这个点也就是直角 A_1CN 的顶点，然后再从点 C 移到点 N，那么，得出的线段 F_1A_1、A_1C 和 CN 在照相机里分别相当于 $F_1a_1 = F$（焦距）、$a_1c_1 = x_1$ 和 $c_1n_1 = y_1$。

对于另一台照相机也是同样的情形。

根据三角形的相似关系，可以得到下列比例式：

$$\frac{A_1C}{x_1} = \frac{A_1F_1}{F} = \frac{CF_1}{F_1c_1} = \frac{CN}{y_1}$$

$$\frac{A_2C}{x_2} = \frac{A_2F_2}{F} = \frac{CF_2}{F_2c_2} = \frac{CN}{y_2}$$

因为 $A_1F_1 = A_2F_2$，对比这两个比例式后，我们发现：

第一，$y_1 = y_2$（这是拍摄正确的特征）。

第二，

$$\frac{A_1 C}{x_1} = \frac{A_2 C}{x_2}$$

根据图中所示

$$A_2 C = A_1 C - b$$

所以

$$\frac{A_1 C}{x_1} = \frac{A_1 C - b}{x_2}$$

可知

$$A_1 C = b \times \frac{x_1}{x_1 - x_2}$$

最后求出

$$A_1 F_1 = b \times \frac{F}{x_1 - x_2} \approx H$$

如果在底片的图像 n_1 和 n_2 上，N 点处于 YY 直线的不同侧面，这就代表 C 点位于 A_1 和 A_2 点之间，那么，$A_2 C = b - A_1 C$，此时要测的高度为：

$$H = b \times \frac{F}{x_1 + x_2}$$

这些公式有一定的适用范围，需要照相机的光轴对准天顶，在这个时候，如果云层离天顶很远无法进入照相机，那就要调整照相机的位置，只要记得条件是相机的位置和光轴是平行的即可，可以通过以水平状态为基准，然后将照相机和基距垂直或者沿着它所在的方向。

比如白天晴空万里的天空中出现了非常明显的白色的高层卷云，那么每隔一段时间就测一下云的高度，大概测两至三次，如果在测量时发现云层的高度不断变小，这就是天气要变坏的征兆，几个小时以后必定是要下雨的。

3.15 根据照片测塔高

[解] 如图 3 - 17 所示是一座风力发电机，在塔底端有一个正方形的基座，前面我们介绍过利用照相机来测定正在飞行的飞机的高度，还可以测定云层的高度，那么同样用这种方法，可不可以测量地面建筑物例如塔、电线杆、大楼等物体呢？其实是可以的。让我们通过下面一道题来解释一

下。风力发电机的正方形基座边长为 6 米，那么只要在照片上进行测量就可以知道这个风力发电机的实际高度了。

[解]　通过观察照片我们发现这个风力发电机的外形和现实看起来是完全一样的，所以照片上塔的高度和基座对角线的比值也应该和实际一致。经过在照片上的测量，我们发现基座也就是底面的对角线长度为 23 毫米，整个塔在图片上的高度为71毫米，因为实际上塔的底座的正方形边长为 6 米，那么底座的对角线的真实值等于：

$$\sqrt{6^2 + 6^2} = 6\sqrt{2} \approx 8.48(\text{米})$$

得出

$$\frac{71}{23} = \frac{h}{8.48}$$

解出高度为：

$$h = \frac{71 \times 8.48}{23} \approx 26(\text{米})$$

即这个风力发电机的高度大约为 26 米。不过这种对照片进行分析测量的方法只适用于那些图像看起来没有变形的情况。如果不是经验丰富的摄影师，很有可能会拍变形。

图 3 – 17　风力发电机

3.16 自测题

本章我们学了很多有关距离的测量方法，请你运用本章的知识尝试解决以下各题目：

我们知道地球距离月球 380 000 千米，那么从地球上以 30′ 的视角遥望月球。求月球的直径。

老师在教室的黑板上写字，究竟要把字写多大才能够使学生看过去像在看离自己 25 厘米的课本上的字迹一样清晰？这里我们假定学生离黑板的距离为 5 米。

一座灯塔高 42 米，从一艘海轮上望去，视角为 1°10′，那么海轮和灯塔之间的距离为多少？

每一度中有多少"密位"？

每一"密位"里又有多少度？

如果从月球看地球的视角为 1°54′，那么月球和地球之间的距离为多少？

在两千米处看到一个大楼，如果视角为 12′，那么大楼的高度为多少？

假如我们在地球上看月球上有和我们身高一样的人，那么如果想要看清他们的话，望远镜需要多大倍数呢？

人体细胞的直径仅为 0.007 毫米，如果用一个 50 倍放大的显微镜能够看清楚吗？

在 10 秒之内，一架飞机在垂直于我们观测的方向上飞行，飞过 300 "密位" 的角度。如果飞机离你有 2 000 米，求飞机的速度。

你看到远处一个中等个头约 1.7 米高的人，在 12′ 的视角下你与他之间的距离是多少？

望见远处一名骑在马上的骑兵大约高 2.2 米，在 9′ 的视角下你与他之间的距离是多少？

望见远处一根高为 8 米的电线杆，在 22′ 的视角下你与电线杆之间的距离是多少？

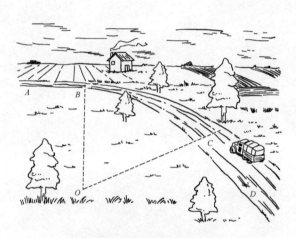

Chapter 4
路途中的几何学

4.1　步测的方法

当你在郊外沿铁路或者公路散步时，也是可以做几何题目的，有很多题目可以让你练习。比如公路可以帮你测量自己步子的长度和行走的速度。这样以后在生活中你就可以随时用自己的脚步测量出距离，当然这也需要一段时间的练习，不过很快你就可以掌握其中的要领了。这个方法的学习重点在于你能够保持均匀的步伐，不能步子时大时小，每一个步子的长度应该是大致一样的。

在公路上，一般每隔 100 米，就会有一个里程碑。你可以在这段路上练习测量步伐，你用正常的步子走完这 100 米，然后记住一共走了多少步，这样你就可以知道自己平均一步大概是多长了。这种测量在一年之间可能会发生改变，所以要经常测量，特别是对于年轻人来说，他们的步子是会发生较大变化的。

通过无数次这样的测验，我们会得到一个很有趣的比例：一个普通成年人的脚步的平均长度大约是他眼睛离地面高度的一半，这是通过测验得出的一个比较普遍的结果。比如一个人，他的眼睛离地面的距离为 140 厘米，那他的脚步的长度也就是 70 厘米。如果你不相信也可以自己检验一下。除掉自己脚的长度后，就可以知道走路的速度，即使每小时走几千米也是可以的。比如我们每个小时走的千米数和我们 3 秒迈出的步子数目是相同的，如果我们在 3 秒可以迈 4 步，那么我们每小时就可以走 4 千米左右。不过这个法则的适用条件是有限的，使用法则之前必须知道步子的长度，下面让我们列个方程来算一下步长，步长米数用 x 表示，3 秒内的步数用 n 表示，那么：

$$\frac{3\ 600}{3} \times nx = n \times 1\ 000$$

所以

$$1\ 200x = 1\ 000$$

求出

$$x = \frac{5}{6}$$

得出的结果是 80 ~ 85 厘米，这样的步子已经算是比较大的了，一个中等身高的人很难迈出这么大的步子。所以只要你的步长达不到这个范围的话，你就需要用刚才的方法测步速了，如果超过这个范围，这个方法也就行不通了，你可以走过一段距离然后测出所需要的时间，用距离除以时间得出速度。

4.2 神奇的目测

如果不用尺子，也不用步测，就能够测量距离的话是多么方便实用啊。这种方法就是用我们的眼睛来进行距离测量，这种本领和步测比起来需要更多的训练。

我上小学的时候，在夏天里经常和同学们去城外郊游，我们经常进行这种练习，也把这个特殊的运动当作一种比赛进行，朋友们还想出了一种进行精确目测的方法。

不过这种目测的方法和我们视觉的敏锐程度没有太大的关系，在我们组里有一个眼睛近视的男孩儿，但他目测距离的能力和其他同学比起来差不到哪儿去，甚至他还在比赛中赢过大家呢。相反，一个眼神特别好的男孩儿反而没有领悟这个方法的精髓，以至于总是学不会。

记得在那段时间里，只要我们一起走上大路，我们就会盯着路边的大树或者远处的某个物体，于是大家就开始比赛了，一个同学就会问大家："我们到远处那棵树要走多少步呢？"这个参赛的同学问完以后，其他的人就开始了他们的估算。经过一段时间后，每个人都会说出他们估算的步子数，然后我们再一同走过去数出到底需要多少步，哪个人说的数字和我们最终测量出的结果最相近，那么这个人就是胜利的人了。下一次这个胜利的人就可以指定一个东西让我们继续进行这个目测距离的比赛。一般我们会玩好几轮然后算出总分，在一局比赛中胜出的人会得到一分，玩上十局以后，谁的分数最高，谁就是这次比赛的冠军。

最开始的时候，我们每次的估算都很离谱，有时候会差很远。不过这样的情况并没有持续很长时间，大家慢慢都掌握了技巧，学会的时间比我们预料的时间要快很多，错误自然也少了很多。

　　但是，如果地形比较复杂，也会发生一些错误，比如有一次我们从茂密的树丛中来到田野上，或者来到灌木丛茂盛的空地上，或者来到尘土飞扬、拥挤的街道上，都会有一些偏差，尤其是在月色朦胧的夜晚，会有较大的误差。

　　后来，经过不断的练习，不管环境多么恶劣，我们都能够进行精确的目测了。到最后，我们小组所有成员的目测水准都已经相当高了，几乎没有任何的误差，这也使我们失去了对这项比赛的兴趣。大学期间，我和我的朋友们也用目测测定过大树的高度。不过这和小时候不太一样，这个时候我们是为了以后的工作，那些眼睛虽然近视的同学也一样拥有敏锐的视觉，这也让他们非常自信，自己也可以变成一台出色的目测仪。可见我小时候练习的这种本领在我日后的生活学习中还有着非常重要的作用。

　　这项练习可以在任何季节、任何环境中进行，如果你闲来无事走在大街上，也可以用这种目测距离的练习来打发自己的时间，比如试着测一下最近的灯光和自己的距离，或者走到前面那个商店需要多少步。

　　在军队中，军人们对于目测距离的能力是非常重视的，尤其是侦察兵、炮兵以及射手，他们都需要有很好的目测能力才能出色地完成任务。这里我们介绍一些在他们目测实践中的方法，先列举一些数据进行参考：

　　想要看清军服的颜色，需要500步的距离；分辨人的动作要近一些，在400步左右；如果想要看见军装上的纽扣或饰物需要200步；在100步之内看人的双眼就像一对黑点；只有在50步之内才能彻底看清人的眼睛和嘴巴。

　　上面这段摘自炮兵训练的教程中，下面还有一段：

　　在100～200步之内，如果看到的物体越来越小，可以根据物体的清晰程度来判断目测物体和观测者之间的距离。不过也要注意以下情况：所有受到良好光线照射或者颜色上比附近地形或水面鲜明的物体，或者是位置比其他物体高的物体，还有那些成群的物体，那些比较突出的物体看起来都会比实际上大一些。

　　根据上面的经验以及长时间的练习，视力较好的人的眼睛目测的误差会在10%左右，经常会出现目测误差的情形一般是在特殊的环境下。比如，河流或者湖泊，一望无际的平原，树木茂密的森林或田野，这些地方我们看东西都会觉得小一些，有时候目测的误差会达到一倍多，还有就是有时候一些我们看到的物体被别的东西遮盖住，比如被土丘、路基或建筑物遮盖住，我们就会自然而然地认为物体不在那些物体的后面，而是在它们的上面，这个时候也会出现误差。图4-1和图4-2就说明了目测出现误差的情况，所以有时候目测法也不是能够完全依靠的，后面我们会再向大家介绍一些其他的测距离的方法。

图4-1　丘陵后的一棵树，看起来很近

图 4-2　当你爬上丘陵后，才发现到那棵树还要走很远

4.3　铁路的坡度

沿着铁路的路基走，你会看到铁路里程碑的标志，上面写着多少千米，当然你也会看到一些小木桩，它们比较矮，上面也写着一些数字，如图4-3所示。

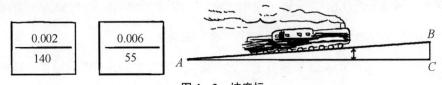

图 4-3　坡度标

这些数字代表了什么意思呢？其实这些牌子表示的就是这条路的坡度，也就是"坡度标"。比如，图上左边的那个小木牌上上半格上写了0.002，木牌的倾斜方向表示坡向，这就说明铁路坡度也就等于0.002，意思就是说这一段铁轨上，每1 000毫米就会升高或降低2毫米。下面的数字140则代表这个下降的路段总共的距离，也就是这个坡度会延续140米。到140米后又会有新的坡度标来告诉你新的坡度。比如右面的牌子可以让我们很容易明白，表示在这之后的55米内，铁路每1 000毫米会升高或降低6毫米。明白了这个坡度标志的含义，也就能快速计算出两个标志之间的铁路的高度差了。

比如，第一块木牌上显示的铁路的高度差等于：
$$0.002 \times 140 = 0.28(米)$$
而第二块木牌上显示的铁路的高度差等于：
$$0.006 \times 55 = 0.33(米)$$

实际上，铁路也是允许有一定的坡度存在的，只是这个坡度非常小，一般极限坡度为 0.008，如果换算成度数大约为 $(0.008 \times 57)°$，小于 0.5°，这已经是现实中铁路坡度可以达到的最大值。不过在外高加索的山区也有破例，但只是特殊情况，这里的坡度达到了 0.025，换算成度数的话大概是 1.5°。

如果你沿着铁路走上几千米，将坡度都记录下来，那么你就可以计算出你走这一段路程后升高或降低的高度，这样也就可以计算出你的出发地和终点两个位置的高度差。但这些坡度如果不是我们刻意去看标识，实际上是无法察觉的，因为一个人的脚对于坡度的感觉是有最低值的，大概要求坡度高出地面约 $\frac{1}{24}$ 才能感觉到，换算成度数也就是 2.5°左右。

不过在实际铁路工作中，衡量和计算路基的坡度值并不是用度数来表示的，不过换算成度数也是很容易的。如图 4－3 所示，如果 AB 是一条路轨，BC 表示两地之间的高度差，那么，路轨 AB 对水平线 AC 的坡度也就是牌子上所表示的比值 $\frac{BC}{AB}$。角 A 很小，所以可以将 AB 和 AC 分别看为一个圆的半径，A 为圆的圆心，BC 也就成了这个圆的一段圆弧，那么只要知道了 $\frac{BC}{AB}$ 的比值，求出角 A 就很容易了。比方说，一个坡度为 0.002 的地方，如果它的弧长是半径的 $\frac{1}{57}$，这个角就是 1°。如果弧长与半径的比值为 0.002，那么和多少的角度是相对应的呢？我们用下面的比例式就可以求出角度 x 的大小：
$$x : 1° = 0.002 : \frac{1}{57}$$

所以
$$x = 0.002 \times 57 = 0.11°$$

也就是 7′左右。

[题] 当沿着铁路散步的时候，你看到一块木牌上面写着坡度升高

$\dfrac{0.004}{153}$，从这块木牌出发，在接下来的路程中，你将连续看到以下几个坡度标志：

平①	升	升	平	降
$\dfrac{0.000}{60}$	$\dfrac{0.001\,7}{84}$	$\dfrac{0.003\,2}{121}$	$\dfrac{0.000}{45}$	$\dfrac{0.004}{210}$

你依次走过了这些标志，在你走完最后一块牌子的时候结束了这次散步，那么你走了这么长的路，你出发的地方和你最后停止的地方的高度差是多少呢？

[**解**]　一共走的路程是：
$$153 + 60 + 84 + 121 + 45 + 210 = 673(米)$$
你升高的高度为：
$$0.004 \times 153 + 0.001\,7 \times 84 + 0.003\,2 \times 121 \approx 1.14(米)$$
你降低的高度为：
$$0.004 \times 210 = 0.84(米)$$
所以，你在终点的位置比起点升高了：
$$1.14 - 0.84 = 0.30(米)\quad = 30(厘米)$$

4.4　碎石堆的体积

公路边的一些碎石堆也包含着很多几何学上的知识。如果让你出一道关于这些石头的题，你估计也会问这石堆的体积是多少。这道几何题可是有一定难度的，因为这里要计算的是一个圆锥体的体积，但是难就难在这个圆锥体的高度和底面的半径我们很难量出来。不过不能直接量但可以间接知道一些数值。我们可以用皮尺或者绳子量出底面的圆周长度，用长度除以 6.28（即 2π），这样就可以求出半径了。

计算高度的过程略微复杂，如图 4-4 所示，我们要先量出侧高 AB，或者量出两侧的侧高线，也就是 ABC，可以用皮尺甩过石堆的顶部来测量。由于刚才已经求出了半径，那么接下来就可以用勾股定理算出石堆的高度 BD

---

① 0.000 表示此段路线水平，没有升降。

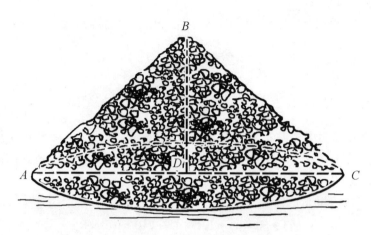

图4-4 碎石堆问题

了。通过下面这道题可以进行一下高度的计算。

[题] 路边有一堆碎石头被堆成了圆锥体，圆锥的底面圆周长是12.1米，两侧的侧高线为4.6米，那么碎石堆的体积是多少？

[解] 碎石堆底面半径为：

$$12.1 \div 6.28 \approx 1.9(米)$$

碎石堆高等于：

$$\sqrt{2.3^2 - 1.9^2} \approx 1.3(米)$$

那么，得出碎石堆的体积是：

$$\frac{1}{3} \times 3.14 \times 1.9^2 \times 1.3 \approx 4.9(立方米)$$

4.5 "骄傲的土丘"的高度

普希金在《吝啬骑士》中曾经讲述了一个有关东方民族的古老传说：

好像曾在哪本书里读到过这么一段：
古时候有一个皇帝，他命令他的将士们，
每人抓一把土，然后把土堆成一堆，
一段时间后，高高的山冈就出现了，

皇上站在山头上，朝底下望去，

他十分高兴地发现，

山谷被白色的天幕笼罩着，

一艘艘轮船在海上疾驶而过。

每当我看到碎石头和沙滩的时候，都会想起这本书中的描绘，因为这是一个没有一点真实性可言的传说，在传说中也算是比较少见的了。这个皇帝的心血来潮只会变为空想，因为结果只会让他很沮丧，这个梦想他永远也实现不了，因为土堆堆不起来，只会是一个可怜兮兮的小土包。他想站在山头傲视群雄的梦想只会破灭，任何充满幻想的小说家估计都无法把它说为"骄傲的土丘"。

我们可以概略地计算一下，让这个皇帝能够死心。一般我们印象中古代的皇帝手下的军队是很庞大的，经常有小说中说到十万兵马，这肯定和今天的军队人数不能比，不过在那个时代的人口总数下，这已经算是很多了。那就用这个数字进行计算，如果找十万个人堆土，你试着抓一大把土放进水杯里，一把土肯定是填不满杯子的。假如一个士兵抓一把土的体积大约是 $\frac{1}{5}$ 公升（1 公升 = 1 000 立方厘米），这样就可以算出土丘的体积：

$$\frac{1}{5} \times 100\ 000 = 20\ 000(公升) = 20(立方米)$$

也就是说，土丘的体积不超过 20 立方米。这么小的体积怎么可能变成骄傲的土丘呢，只会变成笑话。我们可以继续计算出土丘的高度。不过这就需要圆锥的侧高和底面的角度，很大的坡度是不可能实现的，所以我们设定这个角度就是自然形成的坡度，大约为 45°。

一般高处的土会往下滑，所以 45° 是一个比较合理又比较平缓的角度。下面我们根据这个角度来算出圆锥的高度，如果是 45° 的话，它的半径和高度就是一样的，那么：

$$20 = \frac{\pi x^3}{3}$$

可以算出：

$$x = \sqrt[3]{\frac{60}{\pi}} \approx 2.7(米)$$

这个高度也就比一个人的高度多出一半而已，如果把这 2.7 米高的土丘称为"骄傲的土丘",那想象力可见是十分丰富了。如果是沙土那么下滑会更严重,坡度更平缓,那高度就更小了。在古代,君主阿提拉拥有的军队人数是最多的,可以达到70万人,如果让这些人都去参加堆土的工程,他们能够堆起来的高度也高不了多少,这个时候土堆的体积是我们刚才的7倍,那么高度也就是刚才算出的高度的$\sqrt[3]{7}$倍,即大概1.9倍,土堆的高度为:

$$2.7 \times 1.9 \approx 5.1(米)$$

所以阿提拉估计对这样的高度也是不会满意的,想从这样的高度看到普希金诗中的山谷还有可能,但是想看到大海就有点难了。

4.6 转弯

不管是公路还是铁路,都不会有太急的拐弯,每次通过转弯处,都是缓慢地从一个方向向另一个方向画弧线,开车技术即使再高超的司机也是这样的。这个转弯处的弧线就是和这段路两段直线部分相切的圆的弧线。

之所以做一个弧线的弯道,是因为这样做可以使路线变得缓而圆滑,从直线变为曲线,再由曲线变为直线。如图4-5所示,弧线 BC 连接了大路 AB 和 CD,所以 BC 两点为 AB 和 CD 与弧线的切点,所以 AB 和 OB 形成一个直角,而 CD 和 OC 也形成一个直角。一般生活中的弯道半径都比较大,比如铁路上的弯道半径至少为600米,而在主要的铁路干线上,弯道半径多为1 000米,有的甚至有2 000米。

图4-5 公路的转弯

4.7 铁路的弯道半径怎么计算

假如你正好站在 4.6 节中说到的公路弯道附近的话，那你能算出弯道的半径是多少吗？这个可没有之前画在纸上解起来方便，如果是在图上的话，我们可以作两条弧线，然后从弧线的中点作一条垂线，这两条垂线的交点就是圆弧的中心了。那么从中心到曲线上的任何一点也就是这个圆的半径。

要想在铁路附近作这样的图，那就非常麻烦了。因为弯道的中心都距离公路一两千米，有时候中间还有很多障碍物，虽然也可以把现场画到图纸上，但是这也是十分费工夫的。如果计算半径能够不画图就完成，那其他的也就不算难了。

如图 4-6 所示，我们可以在心里将弯道 AB 弧线延伸并画成一个圆，在弧线上随意找两点 C 和 D，把它们连接起来，并量出 CD 的长度，以及弓形

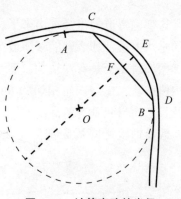

图 4-6 计算弯路的半径

CED 的高 EF 的长度，这就不难算出半径的长度了。我们可以把 CD 和圆的直径看成相交的两条弦，CD 的弦长用 a 表示，EF 的长度用 h 表示，半径用 R 表示，那么就得到下面的公式：

$$\frac{a^2}{4} = h(2R - h)$$

也就是：

$$\frac{a^2}{4} = 2hR - h^2$$

求出半径为：

$$R = \frac{a^2 + 4h^2}{8h}$$

比如，如果矢高 EF 为 0.5 米，弦长 CD 为 48 米，那么我们要求的半径为：

$$R = \frac{48^2 + 4 \times 0.5^2}{8 \times 0.5}$$

算出的结果约为 580 米，这里如果我们用 2R 来代替（2R - h）的话，实际上也是允许的，因为 h 比 R 小很多，那么就可以得出一个比较简单的算法，算出半径的近似值为：

$$R = \frac{a^2}{8h}$$

用这个公式进行求解，我们发现得到的结果和上面的一样：

$$R \approx 580(米)$$

这样，弯道的半径求出来了，我们也知道弯道曲线的中心是在穿过中心的垂线上的，那么就能够知道弯道曲线的中心在什么地方了。

假如铁路上是有铁轨的，那计算的过程也会简化一些，我们只需要沿着内侧铁轨，在与铁轨相切的方向上拉一条绳子，这样可以得到外侧弧线的弦长，而与弦垂直的高度 h，如图 4 - 7 所示，就等于两条铁轨之间的距离。假设铁轨之间的距离为 1.25 米，那么就可以求出弯道半径的近似值

图 4 - 7　铁路弯道半径计算

（a 为弦长）：

$$R = \frac{a^2}{8 \times 1.52} = \frac{a^2}{12.2}$$

如果 a 为 120 米，求出来弯道曲线的半径为 1 200 米。不过这个方法不方便的地方就在于转弯的地方很长，需要的绳子也要很长才行。

4.8 大洋的底是凹还是凸

刚才我们还在铁路上，这会儿我们就要来到深邃的海底了，这样的跨度你读起来可能有些转不过弯儿，不过几何学可以把它们联系起来。

这里我们将要探讨海洋底部的弯曲程度，它到底是什么形状呢？是凸起的还是平坦的还是凹进去的呢？很多人都不相信如此大而深的海洋，它在地面上竟然不是一个凹下去的东西。接下来就让我们来看看海洋地下到底是不是万丈深渊，还是你无法相信的凸起来的样子。

我们通常以为海洋是"无边无底"的，但实际上，它的"无边"可是它的"无底"的几百倍，也就是说，海洋实际上是面积非常大的一层水，而且随着地球表面的变化而弯曲起伏。

让我们拿大西洋来举个例子，它的宽度在接近赤道的地方大约是整个赤道周长的 $\frac{1}{6}$。如图 4–8 所示，假设整个圆周就是赤道，那么 ACB 弧线就代表大西洋的海洋表面，如果海洋是平底，那它的深度就是 CD，也就是 ACB 弧线的矢。我们已经知道 AB 弧线为圆周的 $\frac{1}{6}$，所以一个内切正六边形的一个边长就是弦 AB 了，这个边的长度和半径也是相等的，这样我们就可以用 4.7 节的公式来算 CD：

$$R = \frac{a^2}{8h}$$

可以推导出：

$$h = \frac{a^2}{8R}$$

之前我们知道 $a = R$，求出 h 为：

$$h = \frac{R}{8}$$

已知地球半径 $R = 6\,400$ 千米，所以：

$$h = 800（千米）$$

计算可知，大西洋海底在平坦的状态下，最大的深度为 800 千米。但是其实大西洋的海洋深度连 10 千米都没有，所以我们可以得知海底是凸起来的，只是弯曲的程度和它的水面比略小。不只是大西洋是这样，其他的海洋也都是一样的，它们的底部也表现出略微凸起的状态，不过这几乎对地球球体的形状没有影响。

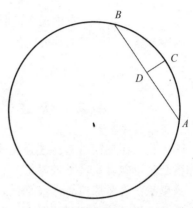

图 4 – 8　大洋底是平的吗

在计算弯道半径时，我们从公式中也能够看出来水面越宽阔，凸起的程度就越高。公式为 $h = \dfrac{a^2}{8R}$，从公式里可以看出，随着 a 的增大，假如底面是平面的，深度 h 就会增加得很快，因为 h 和 a 的平方成正比。如果是从一个狭小的海面到一个很宽阔的海面，那它的深度增加也不会很快。这里我们假设大洋的表面是大海表面的 100 倍，那它的深度不会达到 10 000 倍，因为海面如果比较小，海底也会比较平坦。比如在克里米亚和小亚细亚之间的黑海海底就没有像大洋底那种凸起，不过也不算平坦，只是度数比较小。黑海海面呈现 2° 的弧线，更确切地说是地球圆周的 $\dfrac{1}{170}$，如果黑海深度均匀，大约是 2.2 千米，那么它的最大深度为：

$$h = \frac{40\,000^2}{170^2 \times 8R} \approx 1.1（千米）$$

由此我们可以得知，黑海的海底比从相对的两岸拉起的直线还要低 1.1 千米，那么这个海底就是凹下去，而不是凸起的了。

4.9　"水山"

在前面我们计算过弯道半径，那个公式也适用于本节这道问题的解答。

其实前面那道题已经给出我们这道题的答案了。水山的存在只是几何学上的解释，而不是物理学上的概念。其实不管是地球上的湖泊还是海洋，在某种程度上都可以被称作"水山"。你站在湖边的时候，你看不到对岸，是因为水面是凸起的，而且越宽阔的水面凸起的程度就越高。这个高度我们可以用公式计算出来，公式为：$R = \dfrac{a^2}{8h}$，由这个公式我们可以得出求长度的

公式：$h = \dfrac{a^2}{8R}$。公式中两岸的直线距离用 a 表示，也就是湖面的宽度，如果假设湖面宽100千米，那么"水山"的高度就是：

$$h = \frac{100^2}{8 \times 6\ 400} = \frac{10\ 000}{8 \times 6\ 400} \approx 0.2（千米） = 200（米）$$

由此可见水山是多么的高啊！

这样看起来，湖面的宽度为10千米也会凸起一定高度的山峰，和岸边相比要高出2米左右，这比一个正常人的身高还要高，那我们叫这样凸起的水为"水山"可以吗？这个称呼在物理学上显然是不行的，因为山是指那些凸起的部分是高于水平面的情况，而这里水的凸起也就只能算是平原。如图4-9所示，我们设定 AB 为一条水平的直线，如果你认为弧线 ACB 是在直线上，那就错了，因为这种情况下，AB 并不是水平线，和水面相合的

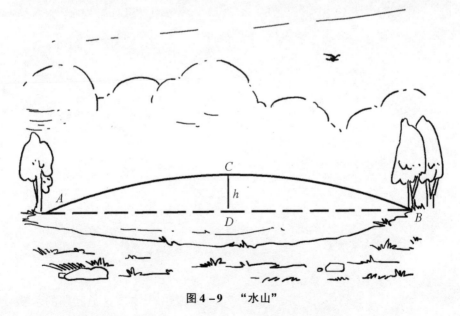

图4-9 "水山"

弧线 ACB 才是水平线，而且 ADB 本身就是一条倾斜的线，AD 线感觉上落入地面以下，一直到 D 点，也就是这条斜线最深的地方，然后再向上升起，B 点是它们重新走出水面或地面的地方。如果我们沿着直线 AB 修一根管子，那么从 A 点放一个铁球进去的话，惯性作用会使它滚向 B 点，然后再滚向 D 点，回到 A 点又滑出去，如此往复。如果这个管子的内壁和铁球十分光滑，那么在没有摩擦阻力的状态下，且管子是真空的，铁球就会在管子里永远滚动下去了。所以如图 4－9 所示，在我们的感觉上，ACB 就像是一座山一样，但这种山只是在几何学的意义上存在，物理学上这只能算是"平地"。

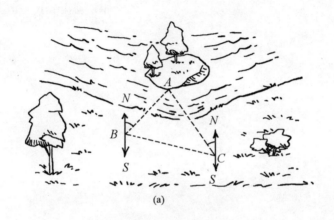

(a)

Chapter 5
不用公式和函数的
旅行三角学

5.1　三角形的正弦值怎么求

荒岛上的鲁滨孙，在没有任何工具以及函数表的情况下，仅利用三角学就解答了很多问题。如果你在外面郊游，身上也没有带函数表及公式等数据资料，你能不能算出三角形的边长且精确到2%，三角形内角的度数并且精确到1°呢？这就需要我们知道简约三角学，下面就让我们看看简约三角学的知识都可以算出什么。

现在，假设之前学过的三角学的知识我们都不记得了，那让我们重新开始学习。首先什么是三角形的锐角正弦呢？锐角正弦就是三角形一个锐角的对边和这个三角形弦长的比值，这条弦被三角形一条边的垂线割断。如图 5 – 1(a) 所示，角 α 的正弦可以表示为 $\dfrac{BC}{AB}$ 或 $\dfrac{ED}{AD}$ 或 $\dfrac{D'E'}{A'D'}$ 或 $\dfrac{B'C'}{AC'}$。我们不难从这几个三角形中看出，它们几个是相似关系，所以这几个比值都是相等的。

那么，想要知道1°到90°之间的各种角度的正弦值，我们就来画一张正弦函数的表格。下面让我们从几何学中学到的正弦函数开始算起。首先，我们知道90°角的正弦函数为1，这个很容易知道。然后45°角的正弦值我们也可以根据勾股定理很容易计算出来，它的正弦值等于 $\dfrac{\sqrt{2}}{2}$，大约为 0. 707。接着30°角的正弦函数也就是对边长度等于弦的一半，那么 30°角的正弦函数值就是 $\dfrac{1}{2}$。

现在我们知道了这三个角度的正弦函数值，通常正弦用 sin 来表示：

$$\sin 30° = 0.5$$
$$\sin 45° = 0.707$$
$$\sin 90° = 1$$

只有这三个度数的正弦函数值肯定是不够的，这中间每隔一度的所有角度的正弦函数值都要计算出来，在计算这个值时，如果要算出很小的角度，且想保证误差不大，可以用弧与半径之比取代对边与弦之比。

我们从图 5 – 1（b）中可以看到，$\frac{BC}{AB}$ 与 $\frac{BD}{AD}$ 相差很小，而且后者比较容易计算出来。

比如我们要算的角度为 1°时，BD 弧 $= \frac{2\pi R}{360}$，那么就可以算出 $\sin 1°$ 等于：

$$\frac{2\pi R}{360R} = \frac{\pi}{180} = 0.017\ 5$$

用同样的方法可以依次求出其他角度的正弦：

$$\sin 2° = 0.034\ 9$$
$$\sin 3° = 0.052\ 4$$
$$\sin 4° = 0.069\ 8$$

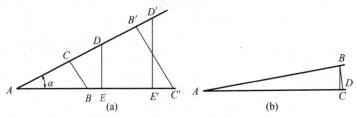

图 5 – 1　什么是一个锐角的正弦函数

由此可以得出，在误差不大的情况下，我们按照这样的方法继续将函数表完整写出来。但是如果根据这个方法，我们计算出的 $\sin 30°$ 的结果为 0.524，并不是 0.500，这时候就产生了误差，这个误差大约是 $\frac{24}{500}$，大概在 5% 左右。但是这样的误差对于要求不高并不要太精确的旅行三角学来说，还是太大了。那么我们就要找到和上面叙述的方法近似的方法来计算正弦值，保证它的误差在允许的范围内。我们先试着用更为准确的方法计算一下 $\sin 15°$ 的值。如图 5 – 2 所示，我们先要作出这样一幅图来，现在假设 $\sin 15° = \frac{BC}{AB}$，那么我们把 BC 延长至 D 点，然后把 A 与 D 连接起来，这样我们就可以得到三角形 ADC 和三角形 ABC 全等，其中

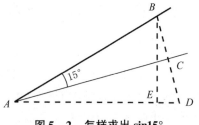

图 5 – 2　怎样求出 $\sin 15°$

角 BAD 等于 30°。接着我们作一条垂线 BE 到 AD，这样三角形 BAE 就是一个直角三角形，并且角 BAE 为 30°，也就是说，$BE = \dfrac{AB}{2}$。这样就可以根据勾股定理计算出 AE：

$$AE^2 = AB^2 - \left(\frac{AB}{2}\right)^2 = \frac{3}{4}AB^2$$

$$AE = \frac{\sqrt{3}}{2}AB \approx 0.866AB$$

由此我们可以得到 $ED = AD - AE = AB - 0.866AB = 0.134AB$。那么在三角形 BED 中，有：

$$BD^2 = BE^2 + ED^2 = \left(\frac{AB}{2}\right)^2 + (0.134AB)^2 = 0.268AB^2$$

$$BD = \sqrt{0.268AB^2} \approx 0.518AB$$

因为 BC 是 BD 的一半，也就是等于 0.259AB，所以，我们要求的 15°角的正弦函数值为：

$$\sin15° = \frac{BC}{AB} = \frac{0.259AB}{AB} = 0.259$$

如果小数点后面只保留三位数的话，那么上面算出来的正弦值也就是 sin15°角函数表上的值。我们按照之前的方法进行求解的时候，算出的近似值为 0.262，对比 0.259 和 0.262，如果只保留两位小数，四舍五入得出结果都是 0.26。所以这个近似值与更为精确的数值 0.259 相比，产生的误差大概为 0.4%。这个误差在平时生活中是可以忽略不计的，所以我们也就可以根据这个近似的算法计算出 1°到 15°角的正弦值。

这里我们向大家介绍怎么用这种方法计算 15°到 30°中间各角度的正弦值。sin30°与 sin15°两者的差很好算，用 0.50 - 0.26 = 0.24。我们假设度数每增加一度正弦值会相应地增加这个差值的 $\dfrac{1}{15}$，那么算出来就是：$\dfrac{0.24}{15} = 0.016$，这样计算出来的数值在精确严格的数学上肯定不符合要求，不过我们只取前面两位的话，就不会有问题，因为误差会出现在第三位数上。这样我们就可以用 0.016 依次和 sin15°角的数值相加，我们就将得到 16°、17°、18°等角的正弦值，它们分别是

$$\sin16° = 0.26 + 0.016 \approx 0.28$$

$$\sin 17° = 0.26 + 0.032 \approx 0.29$$
$$\sin 18° = 0.26 + 0.048 \approx 0.31$$
$$\cdots$$

这样计算出的正弦值在精确度上已经是符合我们要求的了，误差已经小于最后一位小数的一半，也就是小于 0.005，在前两位小数上都是准确的，这样就可以了。

我们可以用上面的方法计算各个角度的正弦值，比如 30°至 45°之间的角度，我们知道 sin45°与 sin30°正弦值的差为 0.707 – 0.5 = 0.207。用它们之间的差数除以 15，就可以得到 0.014，每一个度数依次和 30°的正弦值相加就很容易得出每个角度的正弦值。这样我们就能算出：

$$\sin 31° = 0.5 + 0.014 \approx 0.51$$
$$\sin 32° = 0.5 + 0.028 \approx 0.53$$
$$\sin 40° = 0.5 + 0.14 \approx 0.64$$
$$\cdots$$

算出这些以后，还剩下 45°以上锐角的正弦值需要求解。这时候我们又需要借助勾股定理来进行求解了。假如我们想要求出 sin53°角的正弦值，如图 5 – 3 所示，也就是 $\frac{BC}{AB}$ 的比值。我们已知 $\angle B = 37°$，用前面介绍的方法，我们可以计算出这个角的正弦值是 0.5 + 7 × 0.014 = 0.6。另外，我们已知 $\sin B = \frac{AC}{AB}$，也就是 $\frac{AC}{AB} = 0.6$，那么就可以算出 $AC = 0.6 × AB$。这样在知道 AC 的值后算出 BC 就很容易了。BC 也就等于：

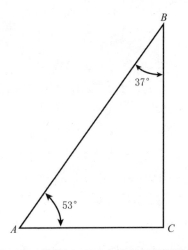

图 5 – 3　计算 45°以上角度的正弦函数值

$$\sqrt{AB^2 - AC^2} = \sqrt{AC^2 - (0.6AB)^2}$$
$$= AB × \sqrt{1 - 0.36} = 0.8AB$$

所以

$$\sin 53° = \frac{0.8AB}{AB} = 0.8$$

所以，只要开平方的方法你掌握了，这一类计算就很简单。

5.2　简单的平方根算法

在代数的学习中，我们学习了开平方的方法，现在你还记得吗？如果不记得了可以重新去翻看代数课程中教的方法。不过这里要教你一种新的方法，也就是几何方法中的开平方，我们曾经引用过一种简化了的方法，叫作除法计算平方根。这里，我们再介绍一种方法，这要比代数中的方法简单得多。

如果我们想要计算 $\sqrt{13}$ 的平方根，我们知道，这个答案应该是在 3 到 4 之间的，那么我们可以用 3 加上一个 x 来表示，x 代表一个分数。

所以

$$\sqrt{13} = 3 + x$$

可以同时平方得到

$$13 = 9 + 6x + x^2$$

这里 x 的平方是一个小分数，数值非常小，求近似值的时候可忽略不计。所以公式可以变换为：

$$13 = 9 + 6x$$

最后得出

$$6x = 4,\ x \approx 0.67$$

也就是说，$\sqrt{13}$ 的近似值是 3.67，如果我们想要得到更为精确的结果，可以由下面的方程式得到：

$$\sqrt{13} = 3\frac{2}{3} + y$$

在这个方程式中，y 有可能是正数，也有可能是负数，不过应该是一个较小的分数。所以由公式两边同时平方可以得出：

$$13 = \frac{121}{9} + \frac{22}{3}y + y^2$$

同样 y 的平方过小忽略不计，这样就能求出 y 的值大概是 $\frac{-2}{33} \approx -0.06$。

那么就可以算出来 $\sqrt{13}$ 的第二个近似值为：

$$\sqrt{13} = 3.67 - 0.06 = 3.61$$

下面求它的第三个近似值也是相同的方法。用我们在代数中学习到的方法计算出 $\sqrt{13}$ 的小数点后面两位，算出来也是 3.61，可见我们的几何算法也是很准确的。

5.3 由正弦值计算角度

我们可以算出 $0° \sim 90°$ 角的正弦函数值，而且小数点后面保留两位小数。不过如果不让你用函数表你能够自己算出自己需要的函数值吗？下面就让我们来看看怎样计算近似的函数值。

我们计算三角形的题目时，经常根据已知的正弦函数值计算出需要的角度，这样来进行倒过来的演算，并不复杂，那么正过来应该怎么算呢？

比如我们需要算出正弦值等于 0.38 的角是多少度。因为 $30°$ 的正弦值为 0.5，所以我们要求的这个角度一定小于 $30°$。又因为我们知道 $\sin15° = 0.26$，所以这个角又大于 $15°$。所以我们需要求出的这个角度介于 $15°$ 和 $30°$ 之间，现在我们可以根据我们之前在计算正弦那一节学习的方法进行计算：

$$0.38 - 0.26 = 0.12$$

$$\frac{0.12}{0.016} = 7.5$$

$$15° + 7.5° = 22.5°$$

所以这个角度约为 $22.5°$。

让我们再看一个例子，请问正弦值为 0.62 的角度为多少？解题思路和前面是相似的：

$$0.62 - 0.50 = 0.12$$

$$\frac{0.12}{0.014} \approx 8.6$$

$$30° + 8.6° = 38.6°$$

所以这个角度约为 $38.6°$。

再举一个例子，求出正弦值是 0.91 的角度。

这个正弦值是在 0.71 和 1 之间的，那么这个角度的大小就应该是介于 $45°$ 和 $90°$ 之间。如图 5-4 中，已知 $BA = 1$，BC 应该等于角 A 的正弦。如果

知道了 BC，怎样求出角 B 的正弦值呢？看下面的方程式，其实很简单：

$$AC^2 = 1 - BC^2 = 1 - 0.91^2$$
$$= 1 - 0.83 = 0.17$$

$$AC = \sqrt{0.17} \approx 0.42$$

如果我们先求出正弦值为 0.42 的角度 B，角 A 就等于 $(90° - \angle B)$，这样再求角 A 就简单多了。角 B 位于 15° 和 30° 之间，因为 0.42 是在 0.26 和 0.5 之间的。那么解题的方法为：

$$0.42 - 0.26 = 0.16$$

$$\frac{0.16}{0.016} = 10$$

$$\angle B = 15° + 10° = 25°$$

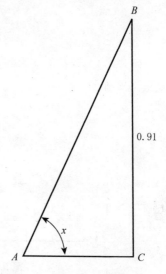

图 5 - 4　根据正弦函数值求角度

所以通过角 B 算出角 A 的角度为：$\angle A = 90° - \angle B = 90° - 25° = 65°$。

这里我们根据之前学过的根据角度求正弦值，反过来学会了怎么根据正弦值求出角度，也就是利用三角学的知识来求解，不过这样算出来的只是近似值，但其精确度对于在外旅行的人估计已经足够了。

你可能要问，只知道正弦函数在三角学的学习中就够了吗？其实如果要深入学习的话，你要用更加精确的方法学习怎么算出三角函数其他的数值，比如余弦、正切等。不过简单的学习只需要正弦值就够了，下面就让我们继续来学习。

5.4　用正弦求太阳的高度

[题]　如图 5 -5 所示，一根高为 4.2 米的测量杆 AB，它所投下来的影子为 BC，影子长为 6.5 米，那么这个时候在地平线上太阳的高度为多少呢？也就是角 C 角度为多大呢？

[解]　这里我们很容易知道角 C 的正弦值为 $\dfrac{AB}{AC}$，所以可以求出：

$AC = \sqrt{AB^2 + BC^2} = \sqrt{4.2^2 + 6.5^2} \approx 7.74$。那么这个角的正弦值为：

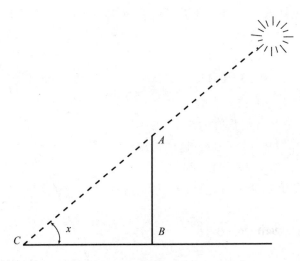

图 5 – 5　测定太阳的高度

$\dfrac{4.2}{7.74}\approx 0.55$。根据 5.3 节我们学习到的方法，可以求出这个正弦值所对应的角度为33°。

也就是说，太阳的高度为33°，这里精确到了0.5°。

5.5　小岛离你有多远

[题]　假设你正在河边散步，在如图 5 – 6(a) 所示的河中发现一座小岛 A，此时你的身上只有一个指南针，要想求出从河岸的 B 点到小岛 A 的距离，该如何计算呢？这时候，你用指南针确定角 ABN 的角度大小，发现这个角度由南北方向 NS 和直线角构成。那么你继续测量直线 BC 的长度，然后确定一下角度 NBC，也就是 BC 和 NS 之间的角度。最后在 C 点处也对 AC 做同样的工作，如果你获得了以下的数据：

NS 线向东偏离 52°为 AB 线方向；

NS 线向东偏离 110°为 BC 线方向；

NS 线向西偏离 27°为 CA 线方向；

BC 长度为 187 米。

那么根据上面已知的数据，该如何算出 BA 的距离呢？

[解] 由数据中我们已经知道了三角形 ABC 中 BC 的长度。那么 $\angle ABC = 110° - 52° = 58°$，$\angle ACB = 180° - 110 - 27° = 43°$。如图 5 - 6(b) 所示，我们在图中的三角形中画出高 BD，就会得出：$\sin C = \sin 43° = \dfrac{BD}{187}$，然后再利用前面用的方法算出 $\sin 43°$，得出 0.68。那么 BD 的值为：

$$BD = 187 \times 0.68 \approx 127$$

现在我们通过 BC 求出了 BD 的长度，同理，$\angle A = 180° - (58° + 43°) = 79°$，$\angle ABD = 90° - 79° = 11°$。我们知道 11°的正弦值等于 0.19。也就是说 $\dfrac{AD}{AB} = 0.19$。然后我们利用勾股定理就可以得出：

$$AB^2 = BD^2 + AD^2$$

式子中的 AD 我们用 0.19AB 来代替，$BD = 127$，那么就可以算出：

$$AB \approx 129$$

也就是说小岛距离岸边的距离大约是 129 米。

如果你还想计算出 AC 的长度，那么利用我们上面学习的方法，相信也是不难求出的。

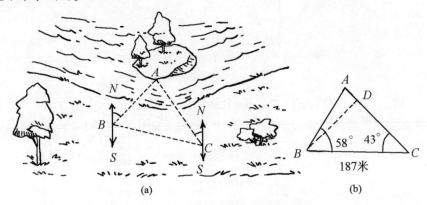

图 5 - 6 怎样求出小岛到岸边的距离

5.6 湖面有多宽

[题] 如图 5 - 7 所示，假如想要测量一个湖的宽度，把这个湖的宽度设为 AB，而你站在 C 点上，用一个指南针进行测定，偏西 21°为直线 AC，

偏东 22°为直线 BC。其中 $BC = 68$ 米，$AC = 35$ 米。那么，根据上面提供的数据能够算出湖面的宽度吗？

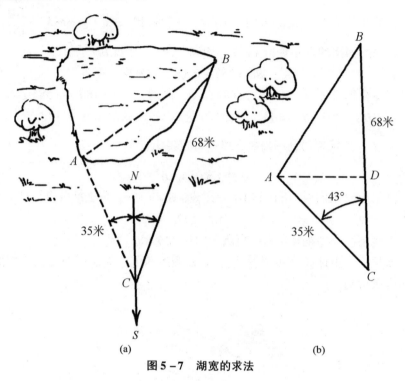

(a)   (b)

图 5 – 7   湖宽的求法

[解]   在三角形 ABC 中，我们已经知道了其中的一个角为 43°，以及形成这个角的两个边长分别为 68 米和 35 米。如图 5 – 7(b) 所示，我们在三角形中作高 AD，那么我们就可以得出：$\sin 43° = \dfrac{AD}{AC}$；这时候我们先计算出 $\sin 43°$ 的值，为 0.68。所以，$\dfrac{AD}{AC} = 0.68$，$AD = 0.68 \times 35 \approx 24$。有了这个比值，我们就可以计算出 CD：

$$CD^2 = AC^2 - AD^2 = 649$$

$$CD = 25.5$$

$$BD = BC - CD = 42.5$$

进而就可以从三角形 ABD 中求出：

$$AB^2 = BD^2 + AD^2 = 2\ 380$$

$$AB \approx 49$$

也就是说这个湖面的宽度大约为 49 米。

如果在这个三角形中，还想要计算出三角形 ABC 中的其他两个角度，那么通过已知的 AB 为 49 米可以继续计算：

$$\sin B = \frac{AD}{AB} = 0.49$$

可以解出：$B = 29°$。

这样我们就可以通过减法也就是用 180° 减去 29° 和 43°，算出第三个角为 108°。

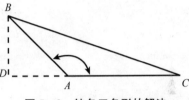

我们根据两边和两边之间的夹角定理来进行求解，但是这个角有可能求出为锐角或者钝角，假如按照图 5 - 8 中，

图 5 - 8　钝角三角形的解法

三角形 ABC 中角 A 为钝角，然后两条边 AB 和 AC 的长度也是已知的。那么通过下面的计算我们可以算出三角形 BDA 中的 BD 和 AD；然后在我们已经知道了（$DA + AC$）之后，再计算出 $\frac{BD}{BC}$，就可以很容易地算出 BC 和 $\sin C$ 了，你可以自己尝试一下。

5.7　已知三角形边长如何算角度

[题]　在一次旅行中，我们用步测法量出了一个三角形地段的边长分别为 43、60 和 54 步。那么这个三角形的三个角的度数分别是多少呢？

[解]　我们可以根据已知的三条边的长度来解出这个三角形。这种情况较为复杂，不过我们只需要知道正弦值就可以算出这道题目。

如图 5 - 9 所示，我们作一条高 BD，这条高是在最长的一条边 AC 上，这样我们就可以得出下面的关系式：

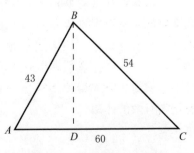

$$BD^2 = 43^2 - AD^2$$
$$BD^2 = 54^2 - DC^2$$

图 5 - 9　用计算法和量角器求此三角形各角的值

代入已知数据，得出：

$$43^2 - AD^2 = 54^2 - DC^2$$
$$DC^2 - AD^2 = 1\ 067$$

因为

$$DC^2 - AD^2 = (DC + AD)(DC - AD) = 60(DC - AD)$$

所以从上面的式子可以得到：

$$DC + AD = 60$$
$$DC - AD \approx 17.8$$

继而算出：

$$2DC = 77.8$$

最终求出：

$$DC = 38.9$$

这个时候再算出三角形的高就比较容易了：

$$BD = \sqrt{54^2 - 38.9^2} \approx 37.5$$

那么

$$\sin A = \frac{BD}{BA} = \frac{37.5}{43} \approx 0.87$$
$$\sin C = \frac{BD}{BC} = \frac{37.5}{54} \approx 0.69$$
$$\angle A \approx 60°$$
$$\angle C \approx 44°$$

已知两角求第三角：

$$\angle B = 180° - (\angle A + \angle C) = 76°$$

如果我们在这时候借助已知的函数表以及三角学的知识进行计算，那么算出的角度的精确度就可以达到分秒的程度。我们现在求出来的数值精确度并没有那么高，因为边长是通过我们步测得出的，这样的误差不小于2%~3%。所以，我们算出的角度并不是精确值，只有变为整数值，得到的答案才和简化方式得出的答案一样。这样，在我们的旅行三角学中才可以有切实有效的作用。

5.8　赤手空拳算角度

要实地测量一个角度的时候，用之前的知识——用一个指南针或者火柴盒甚至是自己的手指就能够计算出来，但是有时候却要把测量的结果画在图纸上进行标注，那么这时候该怎么办呢？如果手边正好有量角器，那这个问题也不难解决，但是如果你在旅行或者行军的途中，并没有量角器，作为一个"几何学家"，这样的问题应该是难不倒你的。下面我们就来看看应该怎样解决吧。

[题]　在图 5 – 10 中，我们画了一个角 AOB，这个角小于 180°。如果不做任何的测量，你该怎样确定它的角度是多少呢？

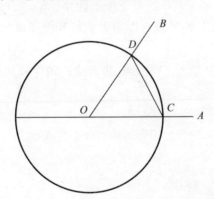

图 5 – 10　只用圆规，怎样求出 ∠AOB 的度数

[解]　本来按照常理我们应该可以从 OB 边上任意一个点作一垂线到 OA 边，在所作出来的直角三角形中，量出三条边的长度，就可以算出这个角的正弦函数值，于是就可以间接得出角的度数。这个方法在前面我们进行过详细的介绍，但是这样的做法就不符合我们这一节的要求了，因为我们是要求不做任何的测量而算出角度，所以显然我们要用另一种方法进行求解。我们把三角形的一角顶点 O 作为圆心，以任意半径作一圆周，然后把圆周和角度相交的两个交点 C 和 D 用线段连接起来。

然后，我们用圆规从圆周的 C 点起依照 CD 的长在圆周上向一个方向一段段地量下去，直到圆规的一脚再度停在 C 点为止。这样在按照弦的长度一段段地进行测量的时候，就要记住这中间绕圆周共多少次，以及弦长在圆周上一共量的次数。

如果我们把绕圆周量的次数设为 n，共量弦长 CD 为 S 次。那么，可以算出角度为：

$$\angle AOB = \frac{360° \times n}{S}$$

实际上，如果这个角是 $x°$，CD 在圆周上总共被量了 S 次，这就好像是 $x°$ 这个角增大了 S 倍，也就是说这个时候圆周被绕了 n 次，所以这个角也就等于 $360°$ 与 n 的乘积。

用 $x°$ 替代角 AOB 即可得到：

$$x° = \frac{360° \times n}{S}$$

如果用圆规进行测量的话，对于图上的角，$n=3$，$S=20$，那么求出来 $\angle AOB = 54°$。如果没有圆规也可以用大头针和纸条画出圆周，并用纸条量出圆周上的弦长。

[题] 如图 5 - 9 所示，用上面的方法，请你算出图中三角形的各个角度。

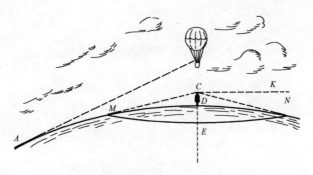

Chapter 6
天与地在何处相接

6.1 地球怎么看起来凹下去了

　　当你站在一望无际的草原或者田野上，你会觉得自己好像是一个圆的中心，你所能看到的一个大圆也就是你所能看到的地平线。这个地平线是不确定的，你向它靠近，它就会远离你，你永远无法靠近它，但它就是实实在在存在于那里的。这不是视错觉，也不是你的幻想，对于每一个观察者来说，他们看到的地平线都是远近不同的，并且这个界线的距离是可以计算出来的。

　　如果想要了解地平线的几何学关系，我们可以来看图6-1，这是地球的一部分，而我们观察的出发点在 C 点，眼睛离地面的高度是 CD，那么这个人所能看到最远的地方显然就是 M 和 N 点了。也就是说视线是在这两点与地面发生接触的，然后再远的地方我们也就看不到了，跑到地平线下面了，所以 M 和 N 这两个点以及 MEN 圆弧上的各点，它们都是地球表面上我们可以看到的部分的边界线，就是这些点组成了地平线。所以观察的人才会觉得在远处苍天和大地有了交会的地方，而且我们可以同时看到天上和地上的物体。

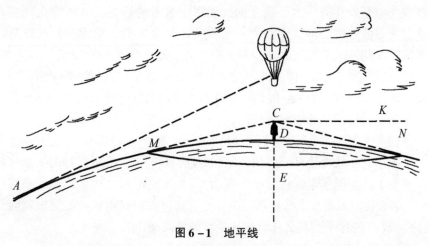

图6-1　地平线

之前我们提到过在飞机上看到的地平线的感觉是和我们的眼睛是在同

一个平面上的，让人有种错觉，就是地平线是和我们一起升高的。如果是这样的话，那飞机下面的土地就都在地平线之下了，这样地平线的边缘就是我们大地的边缘。在我们登高望远的时候也会有这种感觉，总觉得地平线随着我们登高而升高。爱伦·坡在他的幻想小说《汉斯奇遇记》中也提到过这种情形，里面有这样一段生动的描写和解释：

"最令我惊奇的是，地球在我们看来竟然凹下去了。"小说的主人公航空家说道，"我本来以为当我不断升高的时候，我一定会看到它凸起来的地方，但是等我仔细想了一会儿，我找到了这个现象的解释。从我的气球向地球竖直引一条垂线，那么就形成了直角三角形的一条直角边，底边也就是从这条线和地面的交点引向地平线的直线。斜边就是地平线到我气球的直线。我所上升的高度和我的视野相比，是非常渺小的，也就是说我们刚才形成的直角三角形底边和斜边两条边要比竖直的边大很多，所以可以近似地将斜边和底边看作两条平行线。所以每一个在气球底下的点都会让我们觉得是低于地平线的。这也就是我们觉得地球表面好像低于地平线的原因。这个情形一直继续到地球达到一个相当大的高度，直到这个三角形的底边和斜边不能够被认为是平行的为止。"

你可能会觉得图6-1并没有提供现实中真实的画面，其实，地平线和人的眼睛总是处在同一水平线上的，而图中显示的地平线好像要比观察者的地方明显低一些。生活中我们一直都有这种视错觉，觉得我们的眼睛和地平线是在同一水平线上的，我们登高一点，地平线也会和我们一同升高。实际情况就像图6-1一样，并不是我们想象中那样，但是地平俯角，也就是由与地球半径垂直的 CK 和 CN、CM 所形成的角度，这个角度非常小，所以这个角度用仪器是无法测量到的。

我们再来看一个实际的例子，从而进一步解释这个问题。如图6-2(a)所示，图中有一排电线杆，假如你站在 b 点，这时候你和电线杆的根基在同一水平面上，这时候电线杆的样子变为6-2(b) 所示。如果我们的眼睛在 a 点，那么我们就是在电线杆顶端的位置，这时候一排电线杆的情形就会变成图6-2(c)的样子，那么你就比地平线的地面高出来一截儿。

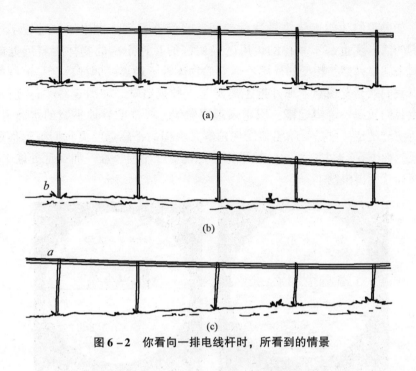

(a)

(b)

(c)

图 6 - 2 你看向一排电线杆时，所看到的情景

6.2 消失不见的轮船

如图 6 - 3 所示，如果我们在海岸边或者湖边看到一艘轮船，我们经常会觉得自己所看到的它从地平线冒出来的地方并不是它实际所在的位置，图中 B 点是我们觉得轮船所在的位置，其实轮船的位置要比这个位置靠后很多，这个 B 点是我们视线和海面相切的位置，如果用肉眼观察，我们就会认为船是在 B 点的，这就和 Chapter 4 中讲到的知识一样，我们判断物体的位置是会有一定的视错觉的。

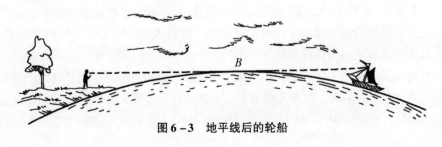

图 6 - 3 地平线后的轮船

如果我们从望远镜中看这艘轮船，我们会看到：物体如果远近不同，它们的清晰度也是不一样的。用已经调好的看近距离的物体再看远处的，看起来就很模糊，相反如果用看远方的物体看近距离的同样也会是模糊的，所以我们就会发现刚才那种近距离感是一种视错觉。如图 6 - 4(a) 所示，假设我们找到一台望远镜，用它来观察轮船，校准到看地平线的水面可以看得清清楚楚，可是看轮船却发现轮廓是模糊的，感觉船离我们很远很远。相反，如图 6 - 4(b) 所示，如果把望远镜对准轮船校准，那么近处地平线的海面就变得模糊了。

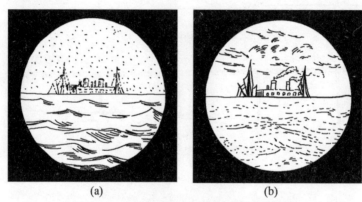

(a)   (b)

图 6 - 4   用望远镜观察到的地平线后的轮船

6.3   地平线到底有多远

如果观察者在一个平坦的地方的中心，那么观察者和地平线有多远呢？如果以站的地方为中心的话，这个圆圈的半径有多大？这里我们已知观察者的高度，那么该怎么计算地平线的距离呢？

如图 6 - 5 所示，这道题也就是让我们计算线段 CN 的长度。这条线段也就是从观察者的眼睛向地球表面作的切线。我们从几何学所学的知识中知道，切线的平方等于割线外段 h 和这条割线全长 $(h + 2R)$ 的乘积，这是我们之前学过的公式。在这个公式中，R 为地球半径，人眼到地面的距离和地球的直径相比是非常小的距离，如果飞机飞上一万米的高空，而人眼超过地面的高度也就是地球直径的 0.001，所以我们可以用 $2R$ 替代 $(2R + h)$，这样公式就会变成：

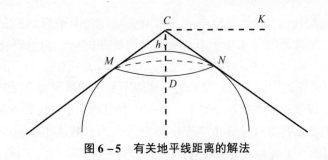

图 6 – 5　有关地平线距离的解法

$$CN^2 = h \times 2R$$

这就说明，我们可以用这个简化了的公式来计算地平线的距离：

算出地平线和人之间距离是：$\sqrt{2Rh}$。

这个公式中的 R 为地球半径，约是 6 400 千米，h 是人眼和地面之间的距离。

因为 $\sqrt{6\,400} = 80$，所以公式可以简化如下：

人和地平线之间距离 $= 80\sqrt{2h} \approx 113\sqrt{h}$，公式中的 h 是以千米为单位的。

这就是进行了简化的纯几何的计算，如果我们想要计算得更加精确，就要考虑很多因素，不仅要考虑影响地平线距离的物理因素，同时还要注意到大气折射的影响，一般光线在大气中的折射作用对计算出的结果有一定的影响，会增大 $\dfrac{1}{15}$，也就是 6% 左右。当然，这个 6% 只是一个平均数。也会有很多客观的条件使得地平线距离发生增减的变化，比如有几种情况会引起地平线距离的增加，气压升高、天气潮湿、在海面上，或者天气寒冷、接近地表、早上或傍晚的时候。当然也有会使地平线距离减少的情况，这就和增加的情况正好相反，比如气压降低、天气干燥、在地面上，或者天气炎热、远离地表在高处、白天晌午的时候。

[题]　一个人如果站在平地上，那么他最远能够望到多远的地方？

[解]　如果一个成年人的眼睛与地面的距离为 1.6 米，也就是 0.001 6 千米，那么可以得出人和地平线之间的距离为：$113\sqrt{0.001\,6} \approx 4.52$ 千米。

上面我们提到了，照射到地球空气层上的光线会发生曲折，所以这个距离会比计算的结果大 6%，考虑到这一点，我们应该用 4.52 千米再乘以 1.06，计算出：

$$4.52 \times 1.06 \approx 4.8(\text{千米})$$

所以，这样一个中等身材的人，如果他站在一个平坦的地方，他能够望到的最远距离不超过 4.8 千米，也就是他所在的那个圆的直径为 9.6 千米，面积也就是 72 平方千米。

这个距离比我们通常所感觉到的一眼望不到边的草原要小得多。

[题]　如果一个人坐在小船上，那么他在海面上最远可以看到多远？

[解]　这里我们假设这个坐在小船里的人的眼睛高出水面 1 米，那么地平线距离算出来就是：$113\sqrt{0.001} \approx 3.57$ 千米。

如果将大气的折射率的问题考虑进来的话，算出的结果也就变成了 3.8 千米左右。再远的地方的物体，在船里的人看来物体的下半部分就会慢慢地隐没在地平线后面，只剩下上半部分，渐渐地上半部分也会最终消失在地平线处。

如果眼睛看得更低些，地平线的距离也会随之变近。如果眼睛离海面只有半米，那么地平线就在 $2\frac{1}{2}$ 千米远处。同理可证，如果眼睛的位置升高，地平线距离会增大。比如从 4 米的桅杆望过去，地平线距离就是 7 千米。

[题]　如果一名飞行员在飞机上想要看到他周围半径为 50 千米的地面，那么飞机需要上升到什么高度？

[解]　我们还是用算地平线距离的公式来进行计算，可以列出的等式为：

$$50 = \sqrt{2Rh}$$

可以算出：

$$h = \frac{25\,000}{12\,800} \approx 0.2(千米)$$

这个结果也就说明了飞行员需要把飞机升高到 200 米的高度。

同样也要进行偏差的修正，从 50 千米中减去 6%，得出结果为 47 千米，所以算出：

$$h = \frac{2\,200}{12\,800} \approx 0.17(千米)$$

所以，其实只要升高到 170 米就能看到了。

建在莫斯科市列宁山最高处的莫斯科大学，是世界上最大的教学与科学研究中心之一。莫斯科大学的 20 层主楼，整整比莫斯科市的水平面高出

200 米，所以站在此处可以将半径 50 千米以内的景色尽收眼底。

6.4　果戈理不切实际的塔

果戈理曾在他的论文《论我们这个时代的建筑》中写道：

对于城市来说，有一个体积庞大、气势雄伟的高塔是必要的。但是如果是一个国家的首都，必须有一个更高的塔，可以看到方圆 150 俄里的地方，其中 1 俄里等于 1.066 8 千米，那么 150 俄里等于 160 千米。我觉得，如果把这个塔的高度再多增加一到两层，就会有很大的变化，因为我们的视野范围会随着高度的变化而加倍加速变化。

果戈理描写的这种塔合理吗？

[题]　你们知道到底是什么增加得更快吗？是人眼睛的上升高度，还是地平线的距离呢？很多人都像果戈理一样认为观测的人向上升高的时候，地平线的距离会增加得更迅速一些。现实真的是这样的吗？

[解]　如果我们想要证明上面人们惯性的想法是错误的，也就是并不是随着人体的升高，地平线的范围就会急剧扩大，我们只需要研究地平线的相关公式：

$$地平线与人的距离 = \sqrt{2Rh}$$

让我们来看一下实际情况，地平线的距离增加的速度要比人体位置升高的速度慢很多，它是和人眼睛高度的平方根成正比的，所以当观察者的高度加 100 倍的时候，地平线的距离只增加 10 倍，如果人体升高 1 000 倍，那么观测者的高度增加的倍数只有 31 倍。所以在论文中论述的只要在高塔上增加一两层就会有巨大的变化其实是错误的。如果在 8 层楼的顶部再盖 2 层，那么地平线的距离只会增加到 $\sqrt{\dfrac{10}{8}}$，大概为 1.1 倍，也就只是增加了原有距离的 10%。

这样小的变化对于人眼来说是很难感觉到的。

如果按照题目中得出的结果，我们想建一座能够看到周围 150 俄里（160 千米）的高塔的设想其实根本无法实现。我们来看下面的等式：

$$160 = \sqrt{2Rh}$$

算出：

$$h = \frac{25\ 600}{12\ 800} = 2\,(千米)$$

果戈理肯定没有想到塔竟然要这么高，这个高度和一座高山的高度差不多了。

6.5　普希金骄傲的山丘

普希金在他的诗歌《吝啬骑士》中，犯了和果戈理同样的错误。这首诗歌之前我们也看到过，讲的是皇上从骄傲的土丘上看远方的地平线：

皇上站在山头上，朝底下望去，

他十分高兴地发现，

山谷被白色的天幕笼罩着，

一艘艘轮船在海上疾驶而过。

我们在前面也介绍过这个骄傲的土丘竟然小得可怜，我们也算出了连阿提拉的十万大军也没有办法堆出超过 4.5 米的高度的土丘。现在让我们算一下，如果站在这个土丘上看到的地平线可以延长多远。

站在土丘上的人的眼睛离地面的距离为 4.5 + 1.5 米，共 6 米。那么地平线的距离为：

$$\sqrt{2 \times 6\ 400 \times 0.006} \approx 8.8\,(千米)$$

在这个高度上看到的地平线只不过比在平地上远了 4 千米而已。

6.6　铁轨交会在一起了

[题]　铁路的铁轨经常会在很远的地方交会在一起，这样的情况你肯定不止一次看到过，那么你曾经看到过两条铁轨相交的这个碰头点吗？如果想要解答这个问题，相信你用上面学到的几何知识就可以解释的。

[**解**] 　让我们来回忆一下之前学过的知识，我们知道正常的眼睛，如果把一个物体当成一个点，这个时候我们看它的视角等于 $1'$，也就是说当两者之间的距离是他自身宽度的 3 400 倍的时候。

而两个铁轨之间的距离为 1.52 米，也就是说铁轨会汇成一个点的地方是 $1.52 \times 3\,400 \approx 5\,200$ 米的地方。也就是说，我们所观察的这两条铁轨交会的地方是在 5.2 千米以外的地方。不过因为地势是平坦的，所以地平线所在的地方要近一些，地平线离我们只有 4.4 千米。那么一个眼睛正常的人如果站在平地上远眺是看不到这个交会点的，除非具备以下条件之一才能看到：

（1）由于他的视觉敏锐度较低，所以在视角大于 $1'$ 的情况下，他看到的物体会变成一个点；

（2）铁路线并不是平坦的；

（3）观察者的眼睛高于平面，高出：

$$\frac{5.2^2}{2R} = \frac{27}{12\,800} \approx 0.002\,1\,(\text{千米})$$

也就是 210 厘米。

6.7　海岸边的灯塔

[**题**] 　在海岸上一般会有一座灯塔，假设这个灯塔的顶部比水面高出 40 米，如果船上的领航员站在高出水面 10 米的地方，那么在距离灯塔多远的地方，领航员可以看到灯塔的灯光？

[**解**] 　我们可以从图 6-6 中看出，我们需要计算的就是 AC 的长度，它是由 AB 和 BC 两部分构成的。其中 AB 部分是 40 米高的灯塔可以看到的地平线距离，而 BC 部分则是船上的领航员可以从高出水面 10 米的地方看到的地平线距离。

那么，这个距离就是：

$$113\sqrt{0.04} + 113\sqrt{0.01} \approx 34\,(\text{千米})$$

[**题**] 　还是和上面一题同样的情景，这位领航员如果距离灯塔 30 千米，那么他可以看到灯塔的哪个部分？

[**解**] 　我们从图 6-6 可以清楚地看出，首先计算 BC，然后计算出 AC 的总长，用这个总长也就是 30 千米减去计算出的 BC 的长度，就能够得到

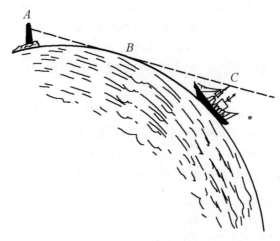

图 6-6　灯塔的问题

AB 的长度了。下面让我们根据上面的思维过程进行计算：

$$BC = 113\sqrt{0.01} = 11.3(千米)$$
$$30 - 11.3 = 18.7(千米)$$

那么算出灯塔的高度为：

$$\frac{18.7^2}{2R} = \frac{350}{12\,800} \approx 0.027(千米)$$

这样就说明，这位领航员在距离 30 千米远的地方可以看到灯塔的上部分为 13 米，而底下 27 米他是看不到的。

6.8　距离多远能看到闪电

[题]　假设在离你的头顶 1.5 千米高的地方突然出现一道闪电，照亮了整个夜空，那么你觉得离你多远的人也可以看到这道闪电呢？

[解]　从图 6-7 中，我们应该先计算从 1.5 千米的高度能看到的地平线距离，这个距离等于：

$$113\sqrt{1.5} \approx 138(千米)$$

如果你站的地方地势比较平缓，属于平原地带，那么加上 6% 的修正，也就是 138 千米加上 8 千米，那么在离你大概 146 千米远的地方，即使有一个人躺在地上也是能够看到这道闪电的。但这个人看到的闪电好像是发生在地平线上一样,他只能看到闪电的光亮,由于声音传播不了这么远的距离,所以他听不到雷声。

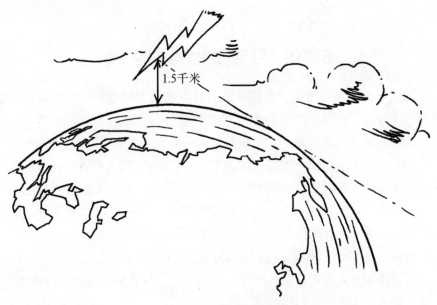

图 6 - 7　闪电的问题

6.9　海中消失的帆船

[题]　假如你正站在海边或者湖边远眺,你看到一艘正在离你越来越远的帆船。如果我们知道帆船的桅杆高出海面 6 米,那么当这艘帆船离你多远时你会觉得它好像开始沉入海中一样,也就是说它隐没到地平线下面了,还有多久它就真正从你的视线中消失了?

[解]　如图 6 - 3 所示,这艘帆船在 B 点的时候开始有下沉的趋势,也就是开始隐没到地平线下面,对于一个中等身材的人来说,这个点应该是在 4.8 千米以外的地平线上,那么帆船完全消失到地平线下面又是另外一个点,这个点距离 B 点:

$$113\sqrt{0.006} \approx 8.8(千米)$$

所以我们可以得知这艘帆船如果完全消失于地平线下，这时候距离海岸有：

$$4.8 + 8.8 = 13.6(千米)$$

6.10 月球上也有地平线

[题] 在之前几节中，我们所有的计算都是和地球有关的。假如观察者有一天飞到了宇宙中的另一个星球的平原上，比如他飞到了月球上的一个平原上，那么他的"地平线"距离会发生改变吗？这和星球是有关的吗？

[解] 我们已知地平线距离的公式为：$\sqrt{2Rh}$，那么这道题就可以用这个公式来解答。不过这时候我们已经来到了月球，那么这中间的直径就要用月球的直径来代替地球的直径，我们知道月球的直径为 3 500 千米，这样在人眼高于地面 1.5 米的时候，我们就可以算出：

月球"地平线"距离 = $\sqrt{3\ 500 \times 0.001\ 5} \approx 2.3$ 千米。

这就说明如果我们站在月球的"平原"上，从我们站的地方向前望去，只能看到 2.3 千米那么远的地方。

6.11 从环形山里看世界

[题] 月球上最大的环形山是哥白尼环形山，它的外径有 124 千米，内径有 90 千米，环形山口的最高点比中间盆地的地面高出 1 500 米。这样的环形山在地球上是不存在的，不过在月球上却有很多很多，即使我们用一架放大倍数不大的望远镜来观察月球也可以看到很多这样的环形山。如果你站在这个环形山的内盆地处的中心位置，你觉得你可以看到环形山山口顶点的地方吗？

[解] 我们想要知道是否可以看到山口顶点的地方，那么我们就要先计算出从山口的顶点处，也就是从 1 500 米的地方看到的地平线的距离为多少。我们可以算出，月球上这个距离为：$\sqrt{3\ 500 \times 1.5} \approx 72$ 千米。如果一个中等身材的人站在山口顶点所能看到"地平线"的距离为 2.3 千米，和前

面算出的 23 千米相加就是我们想要计算的山口最高点将把观察者"地平线"隐没后的最远距离：

$$72 + 2.3 = 74.3(\text{千米})$$

在山口的中央，由于这里离山壁有 45 千米，所以从中央望到山口是不可能的事情，除非从山底爬到 600 米山峰的山坡上才能看到。

6.12 木星上"地平线"的距离

[题] 已知木星的直径比地球大 10 倍，那么请你算算木星上"地平线"的距离为多少。

[解] 我们假设木星的表面有一层硬壳，而且表面是平坦的，那么一个人站在木星上望到的距离为：

$$\sqrt{11 \times 12\,800 \times 0.001\,6} \approx 15(\text{千米})$$

6.13 自测题

圣彼得堡和莫斯科两座城市之间的距离为 640 千米。如果一名飞行员驾驶飞机在这两个城市间飞行，那么他飞到多高的时候才能同时看见这两座城市呢？

如果用望远镜观测海中的一艘潜水艇，它露出海面并比平静的海面高出 50 厘米，如果用这个望远镜看地平线，所能望见的距离为多少呢？

飞行员在飞机上想要飞越俄罗斯拉多加湖的两岸，这个时候他和两岸的距离为 310 千米，那他应当飞行多高才能看到呢？

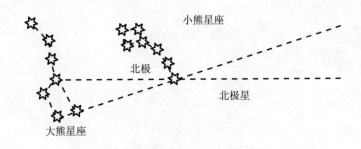

小熊星座

北极

北极星

大熊星座

Chapter 7
鲁滨孙的几何学

7.1　星星"告诉"你所在的位置

浩瀚无际的天空铺开，点点闪耀的星星散开。

无数的星星数不过来，无际的天空深不可测。

——罗蒙诺索夫

　　曾经，我幻想着自己能去经历一段充满刺激且不太寻常的生活。这样的未来在我的脑海中数次浮现，我想去体验一次船舶失事后人的境遇，就像书中的鲁滨孙。不过如果我真的去体验了，说不定这本书中的故事会更加精彩，也说不定就不会有《鲁滨孙漂流记》这本书了。现在我并不后悔自己没有这样的旅行，那只是我年少轻狂时的一个狂热的梦想，我觉得自己已经为去做鲁滨孙做好了充分的准备，不过就算做一个最平凡的鲁滨孙，为了生存也要有一身的本领和技能，那不是普通人所能掌握的。

　　你觉得一个人如果像鲁滨孙一样，在大海上遭遇海难而被抛弃在孤岛上，他先要想到做什么事情呢？必然是要找到自己被抛弃的这个孤岛的地理位置。不过这一点并没有体现在鲁滨孙的故事里，文章只是用简单的一行文字描述了一下，至于鲁滨孙怎么知道自己的位置的就更没有介绍了。我们看《鲁滨孙漂流记》全书，关于位置的描写就只有这么一行，还是在括号中表现出来的：

　　我在的这个海岛上，所在的纬度（按照我的推算，大概是在北纬9°22′处）……

　　这么一句简单的话让我觉得十分失望，也有些想要放弃之前的计划，这对我未来搜集资料没有些许的帮助，就在这个时候，儒勒·凡尔纳的《神秘岛》一书帮助我解决了这个问题。

　　当然，我没有想让大家都变成鲁滨孙，因为不是所有人都有这样的冒险机会，但是，能够用最简单的方法进行地理纬度的确定对我们的生活也是很有帮助的。不仅流落到荒岛的人们可以用到，在很多国家的地图上或者你随身带的并不详细的地图上，你所在的位置都不一定有精确的经纬度。

在今天，还有很多小村落在地图上没有标识，所以想要学习怎样确定自己的经纬度，也不是非要去冒险做一次鲁滨孙才可以学习到的。

确定经纬度做起来其实并不难。如果你在一个晴朗的晚上观察星空，你会发现天上的星星耀眼璀璨，你会感觉到星星好像正在进行缓慢的移动，仿佛沿着一条看不见的圆弧慢慢地行走。其实，这是因为我们自己是和地球一同旋转的，而且是绕着和地轴相反的方向进行旋转的。对于北半球的我们，天上只有一个点是不动的，感觉就在地轴延长线上一样，这个点位于小熊星座的尾端，也就是我们经常提到的北极星很近的地方。北半球的人只要在天空中找到了北极星也就找到了北极。如图 7－1 所示，其实在天空中找到这颗北极星并不难，首先你要在天空中确定大熊星座的位置，也就是我们常说的北斗七星，它的形状像一个勺子，然后沿着大熊星座两星的连线的方向，就可以在离大熊星座相当于整个星座长度的地方找到一颗很明亮的星星，也就是北极星（图 7－1）。

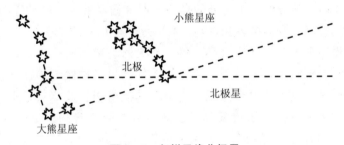

图 7－1 怎样寻找北极星

北极星是能够帮助我们确定地理纬度的重要助手，除了北极星，我们还要找到其他的助手，下一个就是所谓的天顶，也就是我们头顶上空的点。天顶其实就是在你站的地方，沿着地球半径的延长线在天空上的一点，这时候你头顶上这个点和北极星之间弧线的角距也就是你站的位置和北极的角距。

所以如果你想知道自己所站位置的纬度，那么只要测量出北极和你的天顶之间的角度就可以了。如果你的天顶距离北极星为 30°，那么就是说你和北极的角度为 30°，如果你距离赤道为 60°，也就是你所在的位置是北纬 60°的地方。

如果得到的是天顶和北极星的角度，就用 90°减去整个数字就得到了我们的纬度。由于天顶和地平线之间的角距为 90°，所以我们减去北极星和天顶的角度差，也就能够得到北极星到地平线的天空圆弧的长度，也就是北极星的地平线高度，由此我们可以知道一个地方的地理纬度也就是北极星在这个地方的地平线上的高度。

现在我们知道了确定纬度的方法，就可以找一个晴朗的晚上，利用我们的方法在天空中找到北极星，然后测量出它的角度，这样也就知道了我们所在地方的纬度。不过如果你想得到更为精确的结果，这里你就要注意北极星其实和真正的北极并不是完全重合的，它们中间也有一定的距离，大概在北极星后面有 $\left(1\dfrac{1}{4}\right)°$ 的距离，所以可以分别测出北极星最高和最低两个位置的高度，然后取平均数就是北极的真正高度，也就是准确的纬度了。

既然可以用求平均值的方法来判断北极的位置，那么就不一定非要找到北极星不可了。我们可以在北方的天空中随便找一颗星星，测出它在天空中的最高位置和最低位置，然后算出平均值就是北极的高度了，也就是这个位置的纬度。不过这样做也会有个麻烦的地方，就是要确定最高最低两个位置的时间，这样就复杂了很多，而且有时候还要花好几个晚上才能测定出来，这样看来，似乎用北极星来测定是最简单的方法，至于北极星和北极的一点小差别，完全可以忽略不计了。

我们一直是以北半球的判断作为例子，如果有一天你在南半球，应该怎么办呢？南半球虽然和北半球大体是一样的，但是在天空中所能看到的星体确实是有差别的，这时候我们就要判断南极的位置，但可惜的是，南半球并没有像北极星一样的星体来帮助我们，虽然著名的南十字星很耀眼，但是它离南极十分远，也无法帮助我们确定纬度，所以在南半球我们就只能用最高最低位置求平均值的方法来进行测定了，可见如果生活在北半球有北极星做伴是多么幸运的事情。

不过在儒勒·凡尔纳的小说《神秘岛》中，主人公就是利用了南半球天空美丽而耀眼的南十字星来判断的纬度，我们可以来重新拜读一下科学家们的测定方法，也可以看看不用任何工具和仪器就能解决这个难题的方法。

7.2　我们现在在哪里

在 7.1 节中，我们提到了《神秘岛》书中对于测定纬度的一段详尽的介绍，这对我幻想的冒险之旅十分有帮助，我把这一段摘抄到本书中，让我们来看看书中的人在没有测量工具帮助的情况下是怎样确定纬度的。

现在已经是晚上八点了，还没有看到月亮，不过，地平线的一端，那里已经有一片银白色的柔光了，那就是月亮的霞光。在南半球的点点繁星中，最为耀眼闪烁的就是南十字星座，史密斯工程师已经看了一会儿这个星座了。

"哈伯特，今天是我们这里的四月十五号吗？"他一边思考一边问了一下旁边的人。

"是的。"年轻人答道。

"如果我没有搞错的话，那明天就将是一年里实际时间和平均时间相等的一天了，这样的时间在一年中有四天，分别是四月十六日、六月十四日、九月一日和十二月二十四日。在这四天，太阳经过子午线时就和我们的钟表指示的时间是一样的，如果天气不错的话，我就能够知道我们这里的具体经纬度了。"

"那么没有任何仪器也可以吗？"哈伯特好奇地问道。

"可以啊，如果今天晚上天气不错，我们就能够测出南十字星座的高度，也就是南极的高度，我们也就可以根据这个高度知道我们所在岛的经纬度了。"

如果这个工程师手里有六分仪，这项工作就更简单了，他可以借用光线反射原理来测量出物体的角距。但是现在没有任何仪器，必须找到一个东西替代六分仪。这样晚上测完南极的高度，然后在第二天白天太阳走过子午线的时候，他就可以知道自己所在的坐标位置了。

工程师走到他们居住的山洞中，在火堆旁，火光照耀下他找来两根木条，将他们锯好并将一端连接在一起，这样就做成了简单的圆规，固定的一端是可以活动的，然后用结实的金合欢的刺做它的铰链。仪器做好后，他重新回到了海边，现在他必须测量的是南极的高度，也就是高出地平线的高度。为了能够更好地进行观测，他来到了一个很高的地方，从这个眺望岗上望去。不过，在计算的时候，这个眺望岗距离海面的高度也是要算在内的。

月亮这时候升起来了，地平线被照耀着，看起来十分清楚，南十字星座在天边倒挂着，它的底部是α星，这颗星是距离南极最近的一颗星。

不过，这颗星离南极还是有一定距离的，所以并不像北极星和北极的关系可以算是基本上重合的，而α星在南极27°的位置，所以工程师也要把这段距离算进去。他等待着这颗星经过子午线的时刻，这样就可以减轻测量的工作了。

工程师拿出他自己制作的圆规，将圆规的一只脚放在水平方向上，另一只脚指向南十字星座的 α 星，这样得到的角度就是 α 星在地平线上的高度。为了能够固定这一角度，他用找来的坚固的金合欢的刺将另一条木条横着钉到圆规的两只脚上，这样圆规的形状就不会发生改变了。那么剩下的工作就是算出来这个角的度数了。工程师意识到地平线的位置是比他低的，所以需要测量山冈的高度，然后换算成高出海平面的度数。不过这里工程师或许太严密了，其实站在山冈上高出的角度是非常小的，完全可以忽略不计。

最后算出来的角度也就是南十字星座 α 星的高度，然后通过计算得到南极的地平线高度，因为地球上任意一个地方的纬度和地球的极在这个地方的地平线高度都是相等的，所以就可以得知这个岛的地理纬度。具体的计算，明天再来做吧。

从上面这一大段的介绍中，想必你已经了解了工程师是怎么测定的，本书 Chapter 1 中介绍过如何测量山冈的高度，这里就省去了，让我们来看看工程师最终是怎样确定位置的。

工程师拿上了昨天做好的圆规来测量南十字星的 α 星和地平线之间的距离，这个角度十分重要，于是他仔细量起来。他将圆周分为 360 等份，经过测量后，发现这个角度为 $10°$，也就是南极的地平线高度就是测量出来的 $10°$ 加上 α 星本来的角距 $27°$，再加上在山冈上换算为海平面高度的角度，最后得出的结果为 $37°$，如果考虑到计算中的一定误差，工程师判定他们所在的这个岛大概应该在南纬 $35°$ 至 $40°$ 之间的纬度线上。

7.3　荒岛上的天文观测

"现在，我们手头上什么测量仪器都没有，那那些工程师都是怎么去判断太阳经过岛上子午线的时间的呢？"哈伯特很是关心这个问题。

就在这个时候，工程师已经把这次天文观测所需要用的一切东西都准备好了，他在岸边选了一块被海浪冲刷得十分干净的地方，把一根 6 英尺的木杆竖直插在沙地上。

哈伯特看到这样的情形，就明白工程师打算怎样去确定太阳经过岛上子午线的时间了，也就是确定什么时候是正午时间。工程师想要根据木杆在沙地上投射出的影子来确定什么时候是正午时间。这个方法当然不是精确的方法，但是在没有任何测量工具的情况下，只用一个木杆就能确定正午时间已经是很不容易的了。

按照工程师的计算方法，当观察的时间到了，他立马跪在地上，将一些木桩插在沙地中，然后把木杆投射的阴影一点点记录下来。这个时候，工程师的另一个帮手——一名记者，他手拿一个表，来记录木杆阴影最短的时候。工程师是在四月十六日这一天观测的，也就是这一天是实际正午和平均正午重合的一天，一年中这样的天数有四天，记者用他的表记录下这个时刻，然后根据他们出发地也就是华盛顿的子午线进行时间的调整，保持它们的一致性。

当木杆的阴影最短的时候，这一刻就是正午时分了。工程师必须时刻观察阴影顶端的变化，就是为了发现它不再缩短反而变长的时候，所以这个阴影就好像表盘上的时针一样的作用。

随着太阳慢慢地移动，木杆投射在沙地上的阴影也慢慢地缩短，突然，工程师发现阴影开始变长了，他立马问记者：

"现在是几点了？"

"五点零一分。"记者看看表立刻回答道。

这个时候观测就完成了，下面就需要简单地计算一下了。

这个结果证实，他们所在的小岛子午线和华盛顿子午线时差有将近5个小时，这也就是说，当小岛上是正午的时候，华盛顿已经是傍晚5点了。太阳在环绕地球进行一昼夜的运动时，走1°需要4分钟，那么1个小时就能走15°，用15°乘以5，也就是75°。

我们知道华盛顿在格林尼治子午线（这是公认的本初子午线）以西77°3′11″的子午线上。所以这个岛所在的位置就是西经152°。

考虑到上面的观测并不是特别的精确，所以我们只能判断出这个岛位于南纬35°至40°纬度线和西经150°至155°经度线之间。其实想要测定地理经度的方法有很多，而且很独特，这本书中主人公所采用的只是众多方法中的一种。对于测量纬度，也有很多更加精确的方法。

Chapter 8
黑暗中的几何学

8.1 黑暗的船舱

马因·里德的长篇小说中描述了一位少年主人公，他在非常危险的环境中利用几何学的知识解决了不少难题，成功地在那个恶劣的地方度过了整个航程。

这一章就让我们离开广阔的田野和海洋，来到一条漆黑一片、空间狭小的老木船的底舱。这样的环境你肯定不会想起来还可以利用数学知识，不过在里德小说中的主人公，却在他生活的每时每刻都运用到了数学的知识，这本小说名叫《少年水手》（又名《在船的底舱》），主人公是一个非常喜爱探险的少年（图 8 - 1）。他偷偷地上了一条陌生的木船，由于他没有钱买票，他只能进入船的底舱，在这里，他竟然度过了整个航程。底舱一般是客人放行李的地方，到处塞满了东西，住起来空余的地方很小，像个

图 8 - 1 马因·里德小说里的少年航海探险家

牢房一样，不过他在底舱找到了一袋面包和一桶水，于是，就靠着这点食物，他生存了下来。

这些食物非常有限，他只能精打细算，将有限的食物发挥无限的能量。于是他决定每天吃一点，按照日程定量进行，面包可以很好地定量，那一大桶水不知道总共有多少，该如何定量呢？这个难题就摆在少年的面前，那么他是怎么利用聪明才智解决这个问题的呢，让我们继续往下看。

8.2 木桶的容积

书中写到，这个少年在乡村小学上学的时候，很幸运，老师在算术课上教给了他们一些几何学方面的初级知识，让他对于立方体、角锥体、圆柱体、球体有了认识。

他甚至知道，可以把木桶看成两个圆台，只要把它们的大底面叠加到一起即可。

书中的少年为了能够确定自己每天要喝多少水，那他必须知道那个木桶里总共装了多少水，这样才能按照天数分好。如果想要知道木桶的容积，那么就要知道水桶的高度是多少，还要知道木桶底面的圆周长以及它中部截面的圆周长，也就是木桶最宽最粗的地方的圆周长，知道这三个数据后，就能够算出木桶的容积了。

少年的任务就是测量这三个数据，不过，难点就在于这三个数据该如何测量。桶的高度很好测量，但是桶的周长就很难测量了，少年的个头很小，根本就够不到桶的顶部，而且四周还有那么多行李箱子，更是接近不了木桶。还有一个困难就是，在这个黑暗封闭的地方，他没有任何的测量工具，没有尺子，也没有绳子，那该怎么办呢？少年并没有放弃，他认真地思考着怎样才能实施他的计划。

8.3 制作木条尺子

如果想要知道木桶的容积，还有几个数据是需要考虑的，书中的少年如何进行测量的呢？让我们继续看书中的描述。

　　我一直在想，怎么才能测出这个木桶的大小呢？就在我思考的时候，我发现有一个问题我需要先解决，这也是我现在缺少的东西。那就是如果我手边有个能够穿过木桶最宽地方的木条就好了，这样就可以把木条放进桶里，然后两头紧贴桶壁，这样就可以知道木桶的直径了。然后用木条的长度乘以三也就是木桶的圆周长了。虽然这种做法并不精准，不过在这种情况下已经够了。我用来喝水的孔就在最粗的地方，所以只要把木条从小孔插进去，然后和对面的桶壁贴紧就可以了，我就能够得到我想要的直径了。

　　不过，去哪里能够找到木条呢？这在杂物堆积的底舱里并不难找到，我打算用装面包干的木箱来做这件事情。木桶最粗的地方很粗，而木板就只有六十厘米长，所以要找来三根木条才能完成工作。

　　于是，我沿着木板的纹路劈好了三根木条，将它们打磨光滑。我又解下自己的鞋带，将这三根木条连接在一起，这样我就有了一根长一米五左右的木杆了。接下来我就开始测量，不过这时候难题又出现了，底舱的空间太小了，我的木杆没有办法插进木桶中，木杆又没有办法弯曲，弄不好还会把木杆弄断。不过这个问题没有难倒我，我把木杆重新分成三部分，将鞋带松开，然后先把第一根塞进木桶中，还没有全部塞进去的时候，把第二根木条系到第一根木条的末端，把第二根放进去，然后再把第三根系在第二根的末尾端，这样就可以把整个长杆都塞入木桶中了。最后在木杆和木桶外壁相合的地方画一个标记，这样只要减去木桶的厚度，就可以准确地知道木桶的直径了。

　　于是我用将木杆放进去同样的方法将木杆抽了出来，并记住了每一个木杆上绑绳子的位置，这样就能还原木桶里真正的长度了，这每一个小细节都是要注意到的，不然计算出来的结果就会差很多。用这样的方法我知道了整个截面的直径，下面就是要求木桶底面的直径了，这时候底面成了整个圆锥体的上底面。这一次只需要将木杆放在桶的上面，然后顶在桶的边缘上的一个点上，把桶底的相对两点和长杆相合的地方做好标记，工作就完成了。这次时间可比前面短多了。

　　接下来就只剩下木桶的高度需要测量了。你肯定会觉得这很简单，只要把木杆竖立在木桶边上然后做个标记就可以了。但是在底舱这么恶劣的环境下，漆黑一片的状态虽然木杆可以竖直起来，但是我根本就看不到木桶的上端和木杆重合的地方，我只能通过双手来摸出和木杆重合的位置，但是这个时候木杆很容易旋转或者倾斜，这个高度自然就不准了。

所以怎样能测量得略微准确一些呢？我思考了一会儿，想到了一个办法。这次我把两根木条绑在一起，然后把另一个木条放在木桶底面的上面，这样从桶的边缘会有 30~40 厘米在桶外，然后再把长杆贴在它露出的那一段，并且使得木条和长杆之间形成一个直角，这样我们的长杆和桶的高度就是平行的了，保证了准确。于是我在长杆和木桶突出的地方也就是桶的中部相交的地方做好记号，然后减掉桶顶的厚度，就可以得到桶一半的高度了，这样也就知道了整个桶的高度。现在我就得到了计算中所需要的所有数据了。

8.4　尺子上的刻度怎么弄

不过，在少年面前，还有一些问题需要解决，让我们继续往下看：

把木桶的容积的单位转化为立方，再转化为加仑数（加仑也是容量单位，英制加仑相当于 277 立方英寸，大约为 4.5 升），这样的换算不难计算。在漆黑的底舱里，即使有纸笔对我来说也没什么用处。还好这样的四则运算用心算就可以解决，前面测量出来的几个数字都不大，所以我没有觉得这件事对我来说有多难。

不过，另一件事情让我觉得很苦恼，我现在有了前面测量出来的三个数据，分别是桶的高度，以及两个底面的直径，但是这些数据我都只是用木杆测量的，到底有多长呢？

想到这个问题，我身边没有任何的测量工具，这可如何是好？对着一堆木杆和标记却不知道具体的数值，有一刻我想自己真是白费了那么多功夫量来量去了。不过我突然想起来，我在港口上船之前量过身高，我还记得当时量的是 4 英尺，相当于 1.2 米左右，那么有了我的身高，是不是就可以很容易地算出来了呢？是这样的，我把我的身高刻在木杆上，像一把尺子一样。为了标记出我的身高，我让木杆和我一同"站"直在地板上，木杆的一头靠住脚，另一端则靠在我的额头上，然后我用一只手越过头顶在木杆上做了记号。标记完身高后，紧接着又有了新的难题。我现在只有一个四英尺长的木杆，没有尺寸的话，这么长的木杆能测量什么呢？我想如果能把这个长四英尺的木杆平均分成48份，那样就变成了一把真正的尺子，可以随便量什么东西。这件事看起来很容易做成，但是在底舱这么黑暗的地方，就没有那么好做了。

如果想要等分的话，先怎么确定中点呢？再怎么确认这个点就把木条分成相等的两份，然后再怎么精确地进行下面的等分工作呢？

我是这样做的：找来一条比两英尺多一点的木条，用它来测量那根四英尺的木条，这个两英尺多的木条的两倍比四英尺多出一些，这样我就把两英尺的木条削短一点，然后再进行测量，这样反复了好几次，直到我得到一个木条，它的两倍正好等于那根四英尺的。这样这个两英尺的木条的一端就是四英尺的中点了。虽然这花费了我很多的时间，不过知道测量的方法了我很是高兴，因为这已经离成功不远了。

这样的方法明显很耗费时间，后来我又看到我的鞋带，我想用它来代替木杆，因为鞋带对折起来比木杆方便很多，也减少了工作量。这次我的鞋带又有用了，我将两根鞋带绑在一起，然后量出来一英尺长度的鞋带，再把鞋带分成两段，分成三段，分成四段，这样弄起来就方便多了，现在我手里有了三根鞋带，每一根都是长四英寸的，将它们对折再对折后，就有了一英寸的了。

现在有了等分好的木杆，也就不缺东西了，于是我把鞋带一段段地贴在木杆上标记出了48个记号，这样这把四英尺的木杆就成了我的尺子，瞬间我觉得这个难题马上就要被破解了。下面就只剩下计算了，我用自己做出来的尺子量出了直径，求出了两个底面的面积，然后用这个数值乘以高，也就算出了容积，根据我的计算，这个桶里大概装了108加仑的水，相当于0.5立方米。

8.5　少年的算法正确吗

如果你认真学习了前面的知识，或者你平时就是一个热爱几何学习的人，那么你觉得在马因·里德的小说中，这位少年主人公在计算圆台的体积时所用的方法是否准确呢？如图8-2(a)所示，两个小底面的半径我们用r来表示，大底面的半径我们用R来表示，木桶的高度用h来表示，是每一个圆台高度的两倍，所以，少年得出求容积的公式为：

$$\pi \left(\frac{R+r}{2}\right)^2 h = \frac{\pi h}{4}(R^2 + r^2 + 2Rr)$$

但是，如果按照几何学的原理，采用圆台体积的公式来进行求解，那么容积的公式应该为：

$$\frac{\pi h}{3}(R^2 + r^2 + Rr)$$

显然这两个公式算出来的结果是不一样的，第二个式子的结果比第一个大，差值为

$$\frac{\pi h}{12}(R-r)^2$$

懂得代数的人都知道 $\frac{\pi h}{12}(R-r)^2$ 这个数值是个正数，这样看来，少年算出的结果要小一些。

如果我们能够知道这里的误差有多少的话，也就能够知道少年算出来的木桶和实际情况的差。按照木桶常规的设计，一般木桶桶身最粗的地方大约超出底面直径五分之一。也就是：$R-r=\frac{R}{5}$。小说中的木桶也是这样的形状，所以我们也就能够知道少年算出的容积和真正的容积的差为：

$$\frac{\pi h}{12}(R-r)^2 = \frac{\pi h}{12}\left(\frac{R}{5}\right)^2 = \frac{\pi h R^2}{300}$$

我们假设 $\pi = 3$ 的话，那么算出来就是 $\frac{h R^2}{100}$。这样看来，少年计算出来的结果和实际相差有一个圆柱体的容积那么大，这个圆柱体底面半径和最大截面半径相等，高度是木桶的 $\frac{1}{300}$。

这个容积的数值还是少算了一点，木桶的容积比两个大底面重叠在一起的圆台要大一些，如图 8 – 2（b）所示，在用上述方法计算的时候，图中用字母 a 表示阴影部分的容积被忽略了。

这个计算木桶容积的公式并不是只有小说中的主人公想出来了，其实在几何学的初级课本中就有这一公式的应用，这也是求解木桶近似容积的比较简单的方法。不过，精确地计算出木桶的容积是一道比较难的题目。这个难题让很多科学家产生了兴趣，德国大文学家开普勒也曾计算过，在他的数学论著中就有关于计算木桶容积的技巧和方法。不过现在依然没有人能够给出一种十分简单但又很精准的测量方法，现有的方法都只能测量

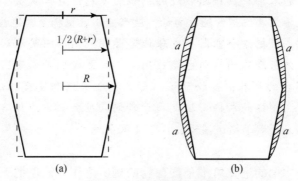

图 8 – 2　木桶体积的计算

出近似的结果。比如，下面一个适用于法国南部的公式，他们用这个公式计算木桶容积：

$$木桶容积 = 3.2hRr$$

实践证明，这个公式比较好用。

不知道你有没有想过这样一个问题，为什么我们的木桶要设计成这种不易测量的形状呢？如果它是正方体的话就会大大简化我们的计算了，这样两侧鼓起的圆柱体给我们的测量造成了很大的麻烦，但是生活中基本上所有的桶都是这种形状，不管是木制的还是金属制的，让我们来看看其中的原因吧。

[题]　题目中的木桶为什么是这种两侧鼓出来的圆柱体呢？设计成这种形状有什么特点呢？

[解]　这里，我们先介绍一段开普勒有关木桶的论述，在他发现行星运动的第二定律和第三定律的时候，开普勒还发现了生活中的木桶的问题，他甚至还为这个问题写了一篇完整的几何学论文：《酒桶的立体几何学》。论文的开头是这样描述的：

我们盛酒用的大桶，根据它的材料、制造和使用上的要求，采用了一种和圆锥、圆柱都很相似的形状。如果把液体保存在金属容器中，会因为腐蚀的原因而损耗，如果是玻璃容器或者是陶器，它们的容积都不会很大，同时也容易损坏，而石制容器又太过沉重，所以我们就只有把酒装在木头制造的容器中，这种储藏方式古时候的人们就开始用了。他们把树干砍掉挖成木桶，但是这样不好大量生产，也容易破裂。所以我们看到的木桶基本上是用结实的木条拼在一起做成的。如果不想让液体从拼接木条的缝隙中流出来，又不用其他材料辅助的话，就只能用箍把桶紧紧地拴牢……

如果能用木板把这个容器箍成球体是最理想的，但是这对于木板来说不太可能，做成标准的圆柱体也比较困难。如果我们不采用这种一点点向里面收紧的圆台的形状，箍松动了，那么整个木桶都没有办法再固定好，就只能报废了。这样的木桶形状既利于我们从里面取出液体，也利于我们进行运输，而且还利于搬运滚动，样子又很美观。

这篇关于木桶的论文可不是开普勒的玩笑之作，他还把无穷小以及微积分原理引入几何学中进行计算，将这个生活中的常识问题引入更深的境界。

所以，我们将木桶设计成这种形状的好处有很多。如图 8-3 所示，我们可以用简单的方式把木桶紧紧地箍住，在安装桶箍并用锤子敲打时尽量靠近木桶凸出的部分，这样就更能保证桶箍紧紧地镶在木桶桶板上，也起

图 8-3　把桶箍敲向凸起的部位，可以把桶箍紧

到了很好的固定作用。很多水桶包括水盆等都不是圆柱的形状，而是类似圆台的形状，这样制作出来的木桶才会很结实。

8.6　黑屋子里的奇遇

　　在马因·里德的笔下，而对如此恶劣的环境，这个少年还能如此机智，让读者甚是佩服。大多数人在这么黑暗的条件下估计什么都不会做，方向都辨别不了，更不会像少年一样进行这么多的工作了。在另一位文学大师马克·吐温的笔下，也有过这样的黑暗之旅。在马克·吐温的《国外旅行记》中也描写了这样一件趣事：在一家旅馆中，房间中黑漆漆一片，伸手不见五指，就这样他过了整整一夜。这个故事想告诉大家，如果在一个你不熟悉的房间里，黑暗的环境会让你对屋里各种的摆设没有方位感。下面一段情节就是书中描写的：

　　一晚上过去了，我醒了，口好渴，这时候我的大脑中幻想着自己穿好衣服然后去花园散步，顺便在喷泉旁用清水洗洗脸。

　　于是我起了床，开始找衣服。可是不知道是昨晚放的时候比较乱还是怎么样，只找到了一只袜子，另一只摸索了半天也没有摸到，我下床摸索着，可还是没有找到。于是我继续向前摸索，却碰到了家具，可我记得周围没有什么家具，怎么这会儿觉得到处都是椅子呢？难道又有别人住进来了？可我什么都看不到，我分明没有看到椅子，却感觉我的头不断地碰到椅子。我觉得算了，就是一只袜子，还是别找了。于是我站起来准备出门，可是我在镜子里看到了我自己的样子，怎么看起来如此暗淡的样子？这是哪里？我的脑海中突然觉得这个地方很陌生，房间里如果只有一面镜子，那我还能辨明方向，可是偏偏这里有两面镜子，这让我无法辨清。

　　这时候我打算靠墙边走到门口去，可是我却不小心弄掉了墙上的画，不大的画落在地上却发出了很大的声音，好像什么巨大的东西砸在地板上一样。另一张床上的房客加里斯睡得很香，一动不动，如果我还找不到门的方向，肯定会把他吵醒的。于是我向另一个方向走去，我想重新回到刚才那张桌子和几个椅子旁边，然后再回到我的床上，这样我就能找到床头柜上的水瓶，闹腾了这么一阵子，我更渴了。于是我双腿跪地，用双手和双膝向前爬去。终于，我找到了桌子，还是我的头先碰到它，"咚"的一声响。我站了起来，向前伸出手好平衡自己的身体。我先摸到了一把椅子，然后摸到墙，然后又碰到了椅子，然后摸到沙发以及我的手杖，然后又摸到了沙发。这时候我又纳闷了，屋子里明明只有一个沙发，怎么会又摸到了呢？然后我又碰到了桌子和椅子。这时候我才想起来，桌子是圆形的，我一直在绕着桌子走，这样永远都走不到床旁边去。于是我走向了椅子和沙发中间的地方，这时候前方感觉十分陌生，我紧张起来，走着走着，我把壁炉上的蜡烛台撞了下来，接着又撞到了台灯，最后那个我想找到的玻璃水瓶被我碰倒在地上，"嘭"的一下就碎了。

我心里想，这个水瓶终于被我找到了啊，可是它已经碎了。

"谁？有贼啊！快来抓贼！"加里斯突然高声喊起来。

旅馆里听到这个声音突然人声鼎沸，旅馆里的所有人，包括老板、房客和仆人都拿着蜡烛和灯来到这个房间。突然世界明亮了，我发现自己站在加里斯的床边，墙边那里有一个沙发，而旁边也只有一把椅子，原来我就是绕着它一直在转，反复和这一把椅子在碰撞。

我自己量了量，我这一晚上竟然走了47英里的路。

马克·吐温最后的这个说法明显夸张了，几个小时想要走这么远是不可能的，但是书中其他的描写看起来都很真实，很好地描写了主人公当时喜剧般的遭遇。这样看来，在马因·里德笔下的少年所做的事情着实让我们敬佩，他能够想出那么多的方法，在黑暗中还能辨别出方向，而且还能解答那么难的数学题，真是令人不可思议。

8.7 蒙上眼睛你还能走直线吗

如果在暴风雪或大雾弥漫的恶劣天气下行走在荒漠戈壁上，旅行家手里又没有指南针这样辨别方向的装备，在这种无法判定方向的情况下，他们走来走去只会永远在绕圈子，走一会儿又发现走到了刚才走过的地方，永远都走不出去，然后就迷路了，这种情况是很危险的。人们发现，这个时候步行者兜圈子的大小为半径60米到100米的一个大圆，走得越快，偏离程度越大，圆圈的半径也会越小。

对于步行者不走直线走弧线的情况，人们也曾做过一些专门的实验进行研究，让我们先来看一个实验的情形：

有一百名将要成为飞行员的人站在绿色的机场上，他们整齐划一地排列着。将他们的眼睛蒙住，当飞行员听到一声齐步走的口令后，便一起向前走去。结果，没过一会儿，就看到有的人开始往左，有的人开始往右，到后来，本来整齐的队伍乱作一团，更有的人开始原地打转，一直在走自己走过的路。

8.6 节中，我们讲的关于待在没有一点光亮的房间里的马克·吐温在屋子里一直转圈的糊涂事情，也是一个活生生的例子，向我们展示了这个奇怪的现象，连科学家都无法在黑夜里走直线。的确，生活中这样的事情有很多，当人们被蒙住眼睛后，对走路的方向会立刻没有了头绪，会偏离直线，或者干脆在原地转圈，可他们自己却全然不知，反而觉得自己一直在往前走（图 8 - 4）。

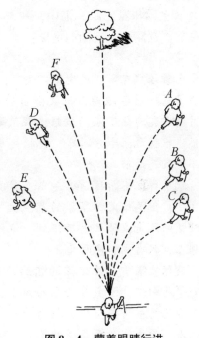

图 8 - 4　蒙着眼睛行进

在威尼斯的圣马尔克广场上曾经做过一个非常有名的实验，和前面飞行员的实验类似。这次找来一些市民，将他们的眼睛蒙起来，让他们从教堂广场（宽度为 82 米）的一端走向另一端，这一段距离其实只有 175 米，这样短的距离，竟然没有一个人能走到终点，所有的人都不知为何歪到一边去了。如图 8 - 5 所示，他们好像约定好了一样走着弧线，更有人撞到了旁边的柱子上面。

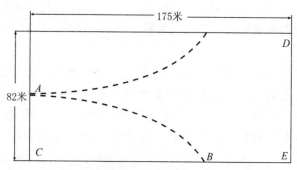

图8-5 在威尼斯的圣马尔克广场上的实验

《主人和雇工》一书中，列夫·托尔斯泰也有过这样一段描写，生动地回放了迷路的人转圈的情形：

大雪依然在下，风变得更大了，瓦西里·安德烈伊奇骑在自己的马上，扬鞭策马往前奔跑着，他觉得自己正在往树林里护林小屋的方向前进着。大片的雪花迷住了他的双眼，狂风好像在和他作对，他只能不断地将身子放低。辕枕之间十分冰冷，他把皮袄塞在身子下面，这样能暖和一些，同时不断策马向前。

就这样，不断往前奔跑着，时间一分一秒地过去，他总觉得已经走了很久了，但是被大雪笼罩的荒原里，他除了马头什么都看不到，除了在耳边呼啸的风声，什么也听不到。他好像走进了一个白雪的世界，这里没有任何人，只有他和他的马。

突然，眼前一片黑黑的东西让他兴奋起来。他高兴得恨不能跳起来，立刻策马向这一团黑黑的东西奔去，他以为看到了护林小屋的院墙，但是这个黑色的东西在空中摇摆着，并不是静止的，显然这并不是小屋。他走近一看，原来是一撮高高的蒿草，蒿草从积雪下面顽强地钻出，长在田埂上，在风中尽情地摇摆着，狂风将它压倒在地上，风吹过发出"呜呜呜"的声音。狂风对蒿草的折磨在瓦西里·安德烈伊奇心头一震，仿佛这个时候自己就如同蒿草一般在与这狂风和大雪作着斗争。他继续策马向前赶去，但他没有想到的是，他在走向这个蒿草的同时也改变了方向，心里想着是往小屋的方向前进，其实已经偏离很远走到另一边去了。

没过一会儿，又在前面的地方看到了一片黑色的东西，瓦西里·安德烈伊奇又高兴起来，他觉得这次一定是来到村庄小屋的地方了。可是驱马过去定睛一看，竟然又是一撮高高的蒿草，依然是在田埂上迎风摆动着，看起来令人害怕。这时候他惊奇地发现，在这蒿草旁边有几个模糊的马蹄印，虽然被雪花盖住了部分，但还依稀可见。他走到马蹄印旁边，蹲下来仔细观察，发现这印记不是别人的，正是自己的马留下的。这样看来他刚才一直在转圈，不过这圈不大，没一会儿就又回到了原地。

关于这样的小说情节还有很多，如果你读过儒勒·凡尔纳的《哈特拉斯船长历险记》，里面有一段情节你应该还有印象，那是一段关于旅行者在荒无人烟的雪原上迷路后原地打转的情节：

"我的朋友们，你们看，这是我们自己的脚印啊！"博士让大家看脚下，大声喊道，"看来我们是在大雾里迷路了，看，我们走来走去又走回来了……"

探险家们在探险的时候发现，很多动物也有这样迷路的情况。比如他们在冰雪荒原上坐雪橇，拉雪橇的动物也是经常走大圈儿，如果将小狗的眼睛蒙住然后放入水中，它们也会在水中打圈圈，而天上的飞鸟如果眼睛瞎了，也会飞成圈圈。这也是为什么被猎枪打伤后受到惊吓的野兽逃窜的时候跑的不是直线而是螺旋线的原因，它们失去了判断方向的能力。

动物学家告诉我们，很多生物的行迹都是弧线，包括蝌蚪、水母、螃蟹，甚至水中的很多微生物也是这样的。现在人们可以有照明设备和辨别方向的设备，在黑暗的森林或者荒原上不太容易迷路，不过这对于常年生活在荒漠草原或者海洋等地方的动物们来说，可是一件大事。如果它们一直原地转圈，就很有可能影响它们的生活，甚至危及它们的生命。正是这样的原因，像一条无形的链锁拴着动物们，让它们永远都不会远离自己的家乡。所以，即使闯入荒原的狮子也会回到原来的地方，即使把巢穴搭在峭壁上飞去大海中的海鸥也还能够回来找到自己的窝。不过，我们还有一个未解之谜，有的鸟类竟然能够沿着直线方向飞越海洋。

那么，为什么人们或者动物在黑暗中无法保持直线运动而经常打转转呢？

其实在提出这个问题之前，我们要先了解一下如果想要走直线的话都要具备哪些条件呢？如果直接提出打转转的问题似乎就缺少了神秘感。

回想一下，那些装有发条的小汽车，小时候我们玩的时候发现它们有时候并不听话，经常无法直行而到处乱跑。小汽车这个跑曲线的现象其实很好解释，大家也不觉得有什么奇怪的，这是因为车的轮子不一样大而导致的。

因此，如果人或者动物两侧的肌肉运动完全一致，那人和动物自然也能不需要眼睛的帮助而走直线。不过我们都知道，人和动物的身体发育和生长是无法完全均衡的，很多人右侧身体的肌肉发育比左侧强壮一些。所以说如果一个人他的右腿迈出的步子比左腿稍大的话，那么他行走的时候无法走直线就是很正常的事情了。在没有眼睛的帮助下，就无法修正走偏的路线，所以不可避免地就会一直向左偏移。这就和划船是一样的，我们右手划桨的力量要比左手有力很多，这样船的方向根据几何学原理也知道会向左偏斜。

不过如果你是左腿比右腿迈出的步子大的话，每次多迈出 1 毫米，走出1 000步后，左腿就会比右腿多迈出 1 米，所以这样走出来就是两个相同圆心的圆圈，想要使两条腿走平行的直线是不可能的。

1896 年，挪威一位名叫古德贝克的生理学家对蒙眼转圈这个现象进行了专门的研究，并且也通过很多真实的例子进行了认真的验证，下面让我们来看一下他搜集的两个例子。

在一个风雪之夜，如果有 3 个人在哨岗值班，他们要想回家就得走出宽 4 千米的山谷。如图 8 - 6 所示，他们的家在图上虚线所指的方向。但是在回家的途中，他们都不知不觉地偏向了右面，根据他们自己的速度计算一定时间内应该是可以走到家里的。可实际上，他们非但没有到达目的地，反而重新回到了哨岗的棚子。于是他们又重新上路，但是这一次偏移得更厉害了，很快就又回来了。就这样，他们又一次出发，又一次回来，这样来来回回了五次，结果都像之前一样，于是他们放弃了回家的想法，只能在哨岗的棚子里等到天亮以后再出发回家。

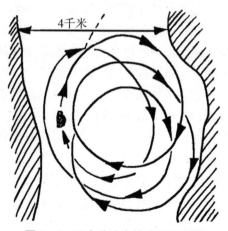

图 8 - 6 三个迷路人的迷路示意图

接下来看一下第二个例子，如图 8 - 7 所示，在一个大雾弥漫的晚上，天上看不到星星，没有一点光亮，一群人想要横渡宽 4 千米的海峡，在雾气的笼罩下，他们无法辨别方向，只能一直向前划去，本以为已经到达了岸边，却一直都没有看到海岸，而是在大海里转圈，转来转去竟又转回到刚才自己出发的地方。

图 8 - 7　浓雾天气里横渡海峡的路线

我们也可以算出之前例子中他们的左腿迈出的每一步到底比右腿长多少。就拿刚才介绍过的在雪谷里转圈的平面图来计算，由于他们行进中是向右偏斜的，我们很容易知道，他们的左腿要比右腿迈得长一些。人在行走的时候，左右两脚的足迹线之间距离大概是 10 厘米，如图 8 - 8 所示，当人走过一个整圆，这时候他右腿所走过的路程为 $2\pi R$，左腿所走过的路程为 $2\pi(R+0.1)$，式子中 R 为这个圆周的半径，单位为米。那么 $2\pi(R+0.1)$ 和 $2\pi R$ 的差为：

$$2\pi(R+0.1)-2\pi R=2\pi\times0.1$$

求出的结果为 0.62 米，也就是 620 毫米，这个差就是左右腿迈出步子长度的差。由于两条腿重复的次数也就是我们的步子数目，所以从图 8 - 6 就可以得出，这几个人兜圈子所转的圆圈直径大概是 3.5 千米，周长也就是 10 000 米左右。如果每一步的平均长度为 0.7 米，那么走这段路就走了 $\frac{10\ 000}{0.7}\approx14\ 000$ 步，两只脚各迈了 7 000 步，不过我们是知道的，我们的左脚右脚所走的7 000步是不一样的，左脚要多走620毫米。

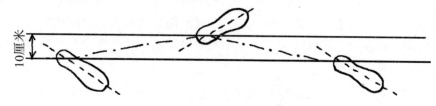

图8-8 走路时左右两脚的路线图

所以，左脚每迈出一步就要比右脚多出$\dfrac{620}{7\,000}$毫米，还不到0.1毫米。可见，脚步上差别就这么一点点，却能导致如此惊人的结果。

所以左右两腿迈出的步差决定了迷路的人走出的圆圈半径，也就是兜圈子的圈子大小。这样的关系式不难确定，比如步长为0.7米，那么在一圈之中迈出的步数也就是$\dfrac{2\pi R}{0.7}$，其中R为圈的半径，单位为米，左右两腿迈出的步数均为$\dfrac{2\pi R}{2\times0.7}$，如果用这个步数与步长的差$x$相乘，那么就可以算出左右两腿分别走出的同心圆的周长差值为：

$$\frac{2\pi R}{2\times0.7}x = 2\pi\times0.1$$

即

$$Rx = 0.14$$

式中的R和x的单位均为米。

根据上面这个简单的公式，以及已知的步子的差值，圆圈的半径就很好算出来了。同理，如果知道半径也可以求出步差。在之前的例子中，那些在圣马尔克广场做实验的人们，他们所走出的圆的半径最大是多少呢？如图8-5所示，这些人中没有一个人走到教堂广场的另一边，也就是DE边。根据实验中走出的圆弧的矢高$AC=41$米，和没有达到175米的半弦BC的长度，就可以算出最大半径。通过上面的数据可以得出：

$$BC^2 = 2R\times AC + AC^2$$

取$BC=175$米，那么：

$$2R = \frac{BC^2 - AC^2}{AC} \approx 700(米)$$

也就是说可以算出最大半径约为350米。

已知最大半径的数值，根据上面得出的公式 $Rx = 0.14$，就可以算出步差的最小值：

$$350x = 0.14$$

由此算出：

$$x = 0.4(毫米)$$

所以，参加实验的人左右两腿的步差不小于0.4毫米。

如图8-9所示，当人前进的时候，迈出的每一步的角度都是相等的，也就是说 $\angle B_1 = \angle B$。这个时候，A_1B_1 总是等于 AB，B_1C_1 总是等于 BC，所以三角形 $A_1B_1C_1$ 和三角形 ABC 全等，那么就可以知道，$AC = A_1C_1$。相反，如果在行进的过程中其中一条腿比另一条迈出略远，即使两腿的长度是一样的，步长也不会一样。所以有时候我们经常听到一些错误的解释，他们觉得实验中的人之所以盲目地转圈是因为左右两腿的长度不一样长，因为大多数人右腿比左腿略短一些，他们认为这是导致这些人在行进的时候不走直线的原因，其实这个错误是违反了几何学的，因为在这中间起作用的不是两条腿的长短，而是步差。

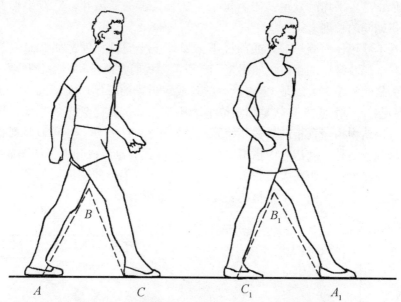

图8-9　如果每走一步的角度相同，步长也就相等

这个道理同样适用于在湖中划船而发生偏离的现象，船向左偏甚至转圈是因为划船的人右臂的力量比左臂大。在不能用视觉来判断直线运动的时候，那些左右脚的步长长短不一，左右翅膀用力不等的动物，即使它们的两脚、两翅膀力量差很小，也会原地打转。

因此，如果人或动物在不用自己的眼睛控制方向的前提下还可以保持直线运动，是非常奇怪的。从上面的各种例子和解释中，我们可以看到不走直线是很正常的现象。如果想要进行直线运动，那么身体的各个部位都需要严格对称，这对于生物界来说基本是不可能的事情，有一点点的偏差都会造成曲线运动，所以我们这里谈论的事情是我们过去以为很平常的事情。不过这些干扰对于聪明的人类基本上是没有妨碍的，因为人类可以在指南针、地图等的帮助下判断方向，从而避免这个问题。

8.8 天然的尺子——我们的双手

我们知道一个成年人的平均身高为 1.7 米，即 170 厘米，不过我们不能仅仅依靠这个平均的数值，因为每个人都有自己的身高和自己双手伸开后两手指端间的长度。

在不使用任何测量工具的前提下，如果想要测量长度，那么我们就要知道几个比较常见的距离。如图 8-10 所示，我们大拇指和小指分开后，两个指尖之间的距离大约是 18 厘米，这是成年男子的长度，女子或者小孩儿会少一些，一般到 25 岁就是固定值了。还有一个是自己食指的长度，这个长度可以从中指与食指的指根开始算起，如图 8-11 所示，也可以从拇指的指根算起。另外，食指和中指指尖分开的距离我们也应该知道，如图 8-12 所示，成年人这个距离大概为 10 厘米。最后就是手指并拢以后的宽度，手指并在一起后，中间三个手指的宽度大约为 5 厘米。

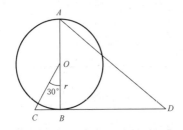

图 8-10 两指指尖距离的测量

图 8-11 食指长度的测量

　　我们前面讲的马因·里德笔下的那位
少年，他能够解答出那道几何题，就是因
为他在上船之前不久刚刚测了自己的身高
并且记住了这个数值。如果我们每个人需
要测量的时候都有这么一个活动的尺子，
那测量起来就很容易了。天才画家、科学
家达·芬奇曾经发现一个法则，如果知道
它会很有用：如图 8 - 13 所示，大多数人
的左右两臂张开后，两手手指尖之间的距
离正好就是他的身高。这要比小说中少年
所用的尺子更加简单实用。

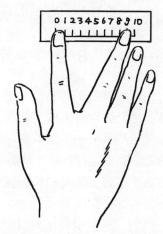

图 8 - 12　两指指尖距离的测量

　　有了这个法则，还有上面的一些数据，
我们就可以赤手空拳地去进行测量了。如
图 8 - 14 所示，我们可以利用自己的手指来测杯子的周长，一个大拇指到小
指岔开的距离加上并在一起的三个手指头的宽度就是杯子的周长，即 18 + 5
= 23 厘米。

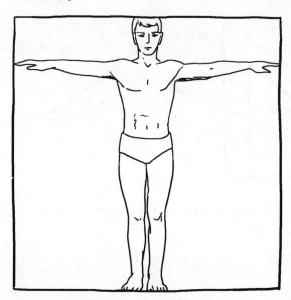

图 8 - 13　达·芬奇法则

图 8 - 14　徒手测量杯子的周长

8.9　少年测量方法中的直角

[题]　让我们来重温一下之前马因·里德笔下的那位少年所做的数学演算，然后给你出一个小问题。你觉得他是怎么作出一个直角的呢？在马因·里德的小说中，少年拿一根长杆垂直贴在木条露出的部分上，就形成了直角。光看这样的描述就感觉这个方法不可信，如果灯光昏暗一些的话，仅仅靠手指的触摸判断是否垂直，会产生很大的误差。不过那个少年却用了很好的方法作出了一个直角，到底是什么呢？

[解]　这里要利用勾股定理。三角形的三边用三根木条构成，如果这三条边有一定的比例，那么构成的三角形就是直角三角形了。我们都知道勾股定理，那么利用最简单的勾股数3、4、5为边长，分别找三根这么长的木条，如图8-15把它们组合在一起，就形成了直角三角形。这就是在几千年前古埃及人修建金字塔所常用的方法。直到现在的很多工程建筑中也还在用这个方法。

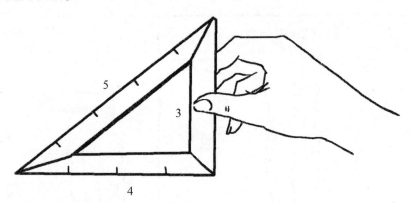

图8-15　一个最简单的直角三角形，边长都是整数

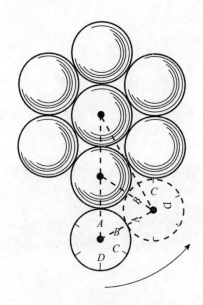

Chapter 9
圆的今昔

9.1　古人的几何学

一个花瓶，假设它的直径为 100 毫米，那么按道理来说它的周长就应该等于 314 毫米。可如果你用一根绳子实际操作来测量的话，不一定会正好测得 314 毫米，有可能会出现 1 毫米的误差，如果这样的话你会怀疑 π 的值不是 3.14，而是比它大或者小的数字，而且我们在测量直径的时候也有可能产生误差，这里面也可能会有 1 毫米的误差。那么 π 的值就会在一个范围内，这个范围是：

$$\frac{313}{101} \sim \frac{315}{99}$$

用小数表示就是 3.09 ~ 3.18。

当我们用这种方法计算的时候，我们经常会得到不是 3.14 的结果，有时候是 3.1，有时候是 3.13，有时候是 3.18，等等，偶尔会碰到 3.14，但是测得这个值的时候，你不会发现它有什么特别之处，更不会想到它就是 π 值。

古代埃及和罗马的数学家与后来的数学家相比，并没有按照严格的几何学来确定圆周长度和直径的比值，也就是 π 值，这个数值是他们凭经验得出来的。古埃及人认为 π 值为 3.16，而古罗马人则认为 π 值为 3.12，其实，真正正确的 π 值却是 3.141 59…为什么他们的经验会产生如此大的误差呢？我想他们应该就是真正测量出物体的直径和圆周然后直接进行计算的。上面实验中那个测量花瓶的例子就能证明为什么中间会有这么大的误差。这样做显然没有得到很好的结果，得到的 π 值在一个很大的范围内，所以用古埃及人和罗马人的这种方法很难得到精确的 π 值。这也就是古时候的人为什么不知道圆周长和直径的正确比值 π 的原因。阿基米德没有用度量而是用推理的方法，得出 π 值等于 $3\frac{1}{7}$。

9.2　π 的精确度

关于圆周和直径的比值，最早进行比较精确的计算的是中国的刘徽和祖冲之。刘徽在公元 3 世纪就用"割圆术"算出了圆周和直径之间的比值近似为 3.14，他提出用他的方法还可以算出更为近似的数值 3.141 6。而祖冲之在公元 5 世纪的时候，推算出了更为精确的数字，他觉得这个比值应该是在 3.141 592 6 到 3.141 592 7 之间。

在古阿拉伯数学家穆罕默德·本·木兹所著的《代数学》书中有这样一段话：

我觉得算圆周长最好的方法就是用直径乘以 $3\frac{1}{7}$。这个方法简单方便，没有谁知道比这更好的方法了，除非是真主。

现在的中学生都知道这个比值的意义，而 9.1 节中我们提到阿基米德算出来的 $3\frac{1}{7}$ 并不是准确的数值。经过理论证明，这个数值并不能用一个简单而精确的分数来表示，我们只能写出和它类似的比值，这个精确的程度和我们的实际生活已经没有太大关系了，严苛的数学家对于这个比值的研究却是非常热烈。这个比值也就是圆周和直径的比值，从 18 世纪开始用希腊字母 π 表示，叫作圆周率。

16 世纪荷兰数学家卢多尔在荷兰的莱顿市将 π 值仔细地计算到了小数点后 35 位，并宣称要把计算出来的 π 值写在他的墓碑上。他计算出来的 π 值为：

3. 141 592 653 589 793 238 462 643 383 279 502 88…

再后来，到了 1873 年，德国的圣克斯计算出了小数点后 707 位的数值，π 的近似值竟然有如此之长，但是实际上不管是实用还是理论都没有太大意义。除非你想创造纪录，才会想着要算得比圣克斯更多的位数。当然，的确有这样的人存在，在 1946 年和 1947 年两年间，曼彻斯特大学的弗格森和华盛顿的伦奇将 π 值小数点的位数计算到了 808 位，而且他们还发现了圣克斯原来计算的 π 值从第 528 位起是错误的，这让他们感到十分骄傲。

在数学家格拉韦给我们讲述的一个事实中，我们可以清楚地认识到：我们计算到 π 值小数点后 100 位就已经没有任何意义了。按照他的计算，假设有一个球体，它的半径和地球到天狼星的距离相等，也就是 132 的后面再加 10 个零的千米数：132×10^{10} 千米。如果在这个星球上充满了微生物，那么每一立方毫米有 10 亿个微生物，然后把这些微生物排列成一条直线，从天狼星到地球的距离恰好是每两个微生物之间的距离，用这个幻想的长度做圆周的直径，将 π 的值取到小数点后 100 位，就可以算出这个巨大的圆形的周长，可以精确到 $\dfrac{1}{1\ 000\ 000}$ 毫米。

对于这个问题，很多科学家发表了自己的看法，法国天文学家阿拉戈说过："如果从精确度上来看，即使圆周长和直径的比值用一个很精确的数字表示，这对我们也没有什么更好的用处。"假如我们知道地球直径的精确长度，那么我们就可以通过 π 值求出来精确到厘米数的地球赤道的圆周长度，这也就只需要用到小数点后第 9 位，假如我们用了小数点后 18 位，那我们就能够计算出以地球到太阳之间的距离为半径的圆周的长度，而且精确度可以达到误差不超过 0.000 1 毫米，这比一根头发还要细很多很多。

在我们的日常计算中，只需要知道 π 值小数点后两位就足够了，如果想要更为精确一些，那也只需要记住后 4 位，也就是 3.141 6（根据四舍五入的原则）。

9.3　丢弃的田地

很多小说著作中有几何学的知识，在杰克·伦敦的小说《大房子里的小主妇》中也有这样的描述。下面我们 一起来看看他是怎么运用几何学的知识的：

有一根钢杆被深深地插在田地中间，钢杆的顶端系着一条钢索，而钢索的另一端和田地边缘的拖拉机连在一起。司机按下了启动杆，于是发动机开始工作了。

拖拉机向前走着，并以钢杆为中心在它的四周画了一个圆圈。

"你只要做一件事，就能够彻底改良这台拖拉机，"格列汉说道，"这件事就是要把画出来的圆变为正方形。"这样的耕作方式会浪费很多的土地，他算了一下，说："每十英亩就会损失三英亩那么多。而且我觉得可能比这个还要多。"

下面我们来检验一下格列汉的计算结果是不是正确的。

[**解**]　我们来看一下，如果是边长为 a 的正方形地块，那么它的面积就是 a^2。这个正方形内切圆的直径和正方形边长是相等的，也是 a，所以内切圆的面积就是 $\dfrac{\pi a^2}{4}$。可以算出来正方形和内切圆的面积差为：

$$a^2 - \frac{\pi a^2}{4} \approx 0.22a^2$$

所以，格列汉的计算是不正确的，丢弃的土地是少于 $\dfrac{3}{10}$ 的，仅仅是 22% 左右。

9.4　用针测 π 值

我们在计算 π 的近似值的时候，有一种方法十分独特而有趣。这个方法需要先准备一些大约 2 厘米长的缝衣针，为了实验方便，最好将针头去掉，这样可以使得针的粗细是均匀的，然后准备一张纸，在上面画好平行线，各条平行线之间的距离等于针长的两倍。接下来你需要做的就是将这根针从任意高度落下，如图 9-1(a) 所示，检查这枚针和图上的平行线是否相交。我们可以在纸张底下垫上厚纸或者呢绒类的东西，以防缝衣针掉下后反弹起来。实验要进行反复投掷，100 次，1 000 次，每一次针的一端碰到直线就做一个小标记。这样反复实验之后，用投的次数除以和直线相交的次数就得到了 π 的近似值。

你一定觉得这很神奇，难道不是巧合吗？下面让我们来解释一下这其中的原因。我们假设缝衣针和直线相交的次数为 K，针长为 20 毫米。当针和直线相交的时候，相交的点肯定在这 20 毫米中的某一毫米处。这个针中的每一毫米，也就是任何一个部分，和直线相交的机会都是相等的。也就是说每一毫米的相交次数为 $\dfrac{K}{20}$，那么也就是某段长 3 毫米，它与平行线交叉的次数就是 $\dfrac{3K}{20}$，如果是 13 毫米，就是 $\dfrac{13K}{20}$，所以最可能相交的次数是和长度成正比的。如果我们把针弯曲为图 9-1(b) 所示，上面的结论也是适用的。在图 9-1(b) Ⅱ 中，假设 AB 段的长度为 11 毫米，BC 段的长度为 9 毫

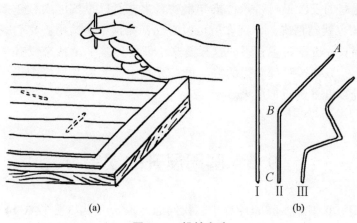

(a)

(b)

图 9 – 1　投针实验

米，那么 AB 段与纸上的平行线最有可能相交的次数为 $\dfrac{11K}{20}$，BC 段就是 $\dfrac{9K}{20}$，

对于整个缝衣针来说，最有可能相交的次数依然为 $\dfrac{11K}{20} + \dfrac{9K}{20}$，也就是 K。如果弯曲成更复杂的情况也是一样的，如图 9 – 1 (b) Ⅲ 所示，不管弯曲多少道，它的每一段和平行线相交的机会都是均等的，如果针的两个地方同时和直线相交，当然也要都算进去，不过每一段相交的次数都是单独来计的。

那么，如果我们把针弯曲成一个圆形的话会怎么样呢？这个圆的直径为两条直线的距离，也就是比刚才用的针要长一倍。这次将小环一次次投下，这样每一次投下小环都应该和某两条直线有相交的地方，如果我们用 N 表示投下的总次数，那么相交的次数就应该是 $2N$，我们之前用的针，长度要比圆环短，这样针的长度和圆环长度的比值，就和圆环半径和圆环周长的比是相等的，也就是 $\dfrac{1}{2\pi}$，加上刚才我们得出的结论，和平行线最有可能相交的次数是和针的长度成正比的，所以也就是 K 和 $2N$ 是成正比的，并且比值为 $\dfrac{1}{2\pi}$，所以 K 等于 $\dfrac{N}{\pi}$。我们可以得出 π 为：

$$\pi = \frac{K}{N} = \frac{投掷次数}{交叉次数}$$

19 世纪中叶，瑞士一位天文学家沃尔夫就曾经做过这个实验，他在带有格子的纸上做了 5 000 次实验，得出的 π 值为 3.159…，得到的数值精确度如此之高，仅次于阿基米德推导出的数字，所以投掷的次数越多，求出来的 π 值也就越精确。你现在就可以看到，在这个实验中，我们既没有计算圆的周长，也没有量直径，这样看来，即使你是一个从来没有学习过几何学的人，只要按照我们说的方法进行无数次的实验并做好记录，那么你也可以计算出 π 的近似值来。

9.5　圆周展开的误差

[题]　在很多实际的计算中，我们通常取 π 值为 $3\frac{1}{7}$ 或 3.14。这样，将一个圆的 $3\frac{1}{7}$ 个直径画在一条直线上测量的话，等于是把这个圆周展开，也就是把一条直线平分为 7 等份。还有另外一种木工和铁匠们常用的做法，在这一节中，我们就不一一介绍了，不过我们要向大家介绍一种相当简单又精确的方法。

如图 9-2 所示，如果将这个半径为 r 的圆周展开的话，我们先作一条它的直径 AB，然后作一条和 AB 垂直的直线 CD，垂足为点 B，再从圆心 O 出发作一条直线 OC，使得这条直线和 AB 形成的角度为 30°。然后，在 CD 上找一点，使得这一段距离等于 3 个半径的长度，将这一点和点 A 连接起来，那么线段 AD 的长度就等于圆周的一半。如果将 AD 加长一倍，这样就能得到圆周展开以后的近似长度。用这种方法计算出来的长度误差不超过 0.000 2r。不过这个方法有什么根据呢？

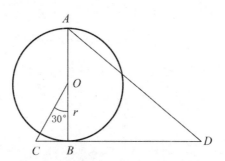

图 9-2　圆周展开图的简易绘制方法

[**解**] 根据勾股定理，可以得出：

$$CB^2 + OB^2 = OC^2$$

这里半径 OB 用 r 表示，因为 $\angle COB$ 为 30°角，所以直角边 CB 为 OC 的一半，即 $CB = \dfrac{OC}{2}$。代入得：

$$CB^2 + r^2 = 4CB^2$$

解得

$$CB = \frac{\sqrt{3}}{3}r$$

在三角形 ABD 中，我们可以得出：

$$BD = CD - CB = 3r - \frac{\sqrt{3}}{3}r$$

$$AD = \sqrt{BD^2 + 4r^2} \approx 3.141\ 53r$$

我们所得出的这个数值，如果和 π 值做对比，这里取 π = 3.141 593，已经是精确程度非常高的一个 π 值了，而我们所计算出的结果仅与其相差 0.000 06r，误差是很小的。如果用这种方法展开一个直径为 1 米的圆，那么半个圆周的误差只有 0.000 06 米，整个圆周相差也只有 0.12 毫米，只相当于几根头发的粗细，可见这种方法计算出来的 π 值还是比较准确的。

9.6 方和圆之间的转化

你听说过几何学上的"方圆问题"吗？相信大多数读者应该是听说过的。这是一道两千多年以来一直困惑着很多数学家们的几何学难题，他们不断地思考研究，但是始终都没有结果。可能知道这个难题的读者也尝试过去计算它，但是只要你开始计算就会发现到处都是疑问，这毕竟是一道长达千年的难题，必然有它难的道理。

法国天文学家阿拉戈曾经对于求解"方圆问题"有过这样一段描述：

他们不断地尝试，想要解出方圆问题的答案，一直坚持着演算。但是它的不可解性早有人证实过，也就是说这样的结果可能是存在的，却没有什么意义，所以也就没有什么宣传的价值了，也就没必要传播了。那些一心想要解答的人们，不要被自己的聪明所害，这并不是理智的做法，因为你已经失去理智，有些病态了。

大家都知道这是个难题，可是到底难在哪里很多人却并不知道。当然，在广阔的数学世界中，存在着很多难以解答的难题，很多都比"方圆问题"有趣得多，但是这道题是它们中最有名的，在长达两千多年的研究中，为什么有这么多爱好者甚至大师都对这道题情有独钟呢？下面就让我们来看看到底什么是"方圆问题"。

"方圆问题"很好解释，就是需要求出和一个给定的圆的面积相等的正方形。其实这道题目在生活中很多人都进行了求解，不过精确度无法保证，要想做出和圆形面积完全相等的正方形，有两种可以操作的方法：

（1）经过两个已知的点作一条直线。

（2）围绕一个点，作出一个半径已知的圆。

也就是说，想要解出这道题需要两样绘图的工具，就是尺子和圆规。

在非数学界的很多人看来，π值也就是圆周长与直径之比不是一个有限数。这种普遍的看法只在这种理解下是正确的：就是将题目的不可解当作是因为π值的本质特点。但是我们知道其实想要将矩形变为面积相等的圆形是很容易而且很准确的，如果反过来就变成了世纪难题，就是难在用简单的绘图工具尺子和圆规将圆形的面积转化为一个等面积的正方形。大家都知道圆形面积的计算公式：$S = \pi r^2$，从这个公式中，我们可以得出如果圆的面积等于矩形的面积，那么它的边长分别为 r 和 r 的 π 倍，所以就需要作出一条线段等于已知线段的 π 倍。用前面的知识我们知道如果取 π 的近似值，我们可以将它设定为 $3\frac{1}{7}$，或者是 3.14，甚至可以精确到 3.141 59，但是实际上 π 都不是完全等于它们的。因为 π 值表示的是一串没有尽头的数字，这也是 π 的一个特点，也是它无理数的性质，无理数就是由无穷尽的非循环小数表示的数字，它无法用两个整数相除的分数来表示。

这个结论在 18 世纪就被数学家兰贝特和勒让德证实，但是人们并没有因为 π 这个无理数的性质而停止对于这个问题的探索。因为他们觉得，无理数这个特点并不能使得题目解不出来。因为的确有一些无理数是能够用几何学精确地"作"出来的。比如作一条长度比现有的线段长 $\sqrt{2}$ 倍的线段，而 $\sqrt{2}$ 也是无理数，而这个线段想要作出来就非常容易，因为只要以这个已知线段做一个正方形，这个正方形的对角线就是边长的$\sqrt{2}$倍。$\sqrt{3}$倍的线段也是很容易作出来的，中学生都学过圆内接等边三角形的边长就是$\sqrt{3}$倍的线段。像下面这个非常复杂的无理式，在作图的时候也不是十分困难：

$$\sqrt{2-\sqrt{2+\sqrt{2+\sqrt{2+\sqrt{2}}}}}$$

这个算式其实就是要作出一个正六十四边形。所以，我们也能看出来，并不是所有的无理数都是画不出来的，还是有很多可以用尺子和圆规画出的。所以方圆问题不可解的原因也就不是完全因为 π 是无理数，还有其他的原因。科学家们继续研究，他们又找到 π 的另一个特点，那就是它并不是代数学上的一个数，它不可能成为某种有理系数的方程的根，也就是说 π 是超越数。看来决定方圆问题的不可解性是因为 π 的这种超越性。这个特点早在 1889 年，就由德国数学家林德曼完美地证明了。从某种意义上讲，他也是唯一求解了方圆问题的人，虽然他否定了这个问题的可解性，也就是说，我们用几何学是无法解出这个问题的。所以也就意味着数学家们几百年的辛苦探索可以终止了，但是，很多对这个难题不太知晓原因的爱好者们还走在去撞南墙的路上，当他们知道这个题目的南墙在哪里了，也就该回头了，因为他们做的计算都是无用的。

很多人认为，精确地解决方圆问题对我们的生活是有重大意义的，但其实这种著名的题目在我们的生活中只要有近似的解法就可以了，完全不用得出理论上精确的解法。只要计算到 π 值的小数点后 7 ~ 8 位准确的数字对于满足生活需要就足够了，也就是只要知道 π = 3. 141 592 6。

所以在上文提到的法国天文学家阿拉戈在书中以讽刺的口吻写了结语：

那些反对人们孜孜不倦地求解方圆问题的科学院的人们在这个过程中发现，这种追求问题结果的病症一般在春天的时候会变得更加严重。

所以任何长度的测量在使用到 π 值的时候都不可能超过小数点后 7 位，即使取到第 8 位也不会对精确度的提高有很大帮助。所以古代那些数学家们，为了求出 π 值而付出了非常多时间和劳动，实际上没有太大价值。

这种在科学上意义不大的计算却需要非常大的耐心，假如你闲来无事，可以体验一下这种计算，利用莱布尼茨求出的无穷级数，从中找到 π 值小数点后的 1 000 位数字：

$$\frac{\pi}{4} = 1 - \frac{1}{3} + \frac{1}{5} - \frac{1}{7} + \frac{1}{9} - \cdots$$

不过这只是用来让你消遣的算式而已，对解答几何难题没有任何作用。

9.7　解决方圆问题的三角板

为了满足日常生活的需要，下面我们向大家介绍一下怎样近似解出方圆问题的方法。这个测量方法三角板的方法是由俄罗斯的工程师宾格发现的，所以就以他的名字命名了这个三角板——宾格三角形。

下面就是具体的方法：如图9－3所示，找到一个角 α，使得和直径 AB 成角 α 的一条弦 $AC = x$，这条边是所求的正方形的边，想要知道这个角的大小，就要利用三角形的知识：

$$\cos \alpha = \frac{AC}{AB} = \frac{x}{2r}$$

其中圆的半径用 r 表示。这也就是说，我们所要求的正方形的边长 $x = 2r\cos \alpha$，所以正方形的面积等于 $4r^2\cos^2 \alpha$，因为要解决方圆问题，所以这个正方形的面积就应该等于圆的面积，圆的面积 $S = \pi r^2$，即

$$4r^2\cos^2 \alpha = \pi r^2$$

得出

$$\cos^2\alpha = \frac{\pi}{4}, \quad \cos \alpha = \frac{1}{2}\sqrt{\pi} \approx 0.886$$

α 的角度就能根据三角函数知道：

$$\alpha = 27°36'$$

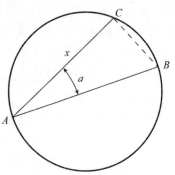

图 9 – 3　俄国工程师宾格求解方圆问题的方法

如果可以作出一条和直径成 27°36′ 角的弦就能够得到面积和圆相等的正方形的边长。这样我们可以做出一块三角板来帮助我们解答实际生活中的问题。这个三角板的其中一个锐角是27°36′，另一个锐角是 62°24′，有了这个三角板我们就可以得到和任何圆形面积相等的正方形了。在制作这个三角板的时

候，我们注意到，27°36′角的正切值为 0.523，也就是三角形的两个直角边所成的比为23∶44。所以在做这块三角板的时候，一条边为 22 厘米，另一条边为 11.5 厘米，又是直角三角板，所以很简单就能做出来了。

9.8　头比脚走得多一些

有一道十分有趣的几何题曾经被编入很多数学游戏题的书中，这个题目如下：假如我们将一根铁丝捆在地球的赤道上，然后将这根铁丝加长 1 米，问一只小老鼠能不能从地球与铁丝形成的缝隙中钻过去呢？你可能要说这个缝隙怎么可能钻过一只老鼠，这个空隙应该比一根头发还要细。事实却不是这样的，虽然 1 米对于地球赤道的长度 40 000 000 米来说相差甚远，但是我们算出的空隙并不小，为：

$$\frac{100}{2\pi}\approx 16(\text{厘米})$$

这个空隙竟然有 16 厘米这么大，不要说一只小老鼠了，就是一只肥大的猫咪也可以爬过去。

在儒勒·凡尔纳的小说中有一位主人公在进行环球旅行的时候曾经统计过一个问题，那就是我们在走路的时候，身上哪一部分走的路程最长呢？假设我们利用这样的情形出一道几何学的题目：

[题]　如果你绕着地球的赤道转一圈，那么你的头比你的脚多走了多少路呢？

[解]　我们用 R 表示地球的半径，那么我们双脚走的路程为 $2\pi R$，假设这个人的身高为 1.7 米，属于中等身材，那么他的头走的路程就是 $2\pi(R+1.7)$。这两者的路程差等于：

$$2\pi(R+1.7)-2\pi R=2\pi\times 1.7\approx 10.7(\text{米})$$

经过计算，头和脚相比，多走了 10 米多。

我们注意到，最后的结果和地球的半径并没有关系，也就是说不管你在哪个星球，是木星还是月亮，或者是小行星上，这个结果都是一样的。所以两个同心圆的周长的差是由这两个圆的间距决定的，并不是因为它们的半径大小不同而变化的，所以将地球半径增加一定的长度，它的圆周也会有加长的效果，这就和增加硬币的半径，增加硬币的周长是一个道理。

9.9　捆在赤道上的冷钢丝

[题]　假设我们生活的地球被一条钢丝沿着赤道捆绑了起来，如果把这条钢丝冷却 1 ℃，将会发生什么呢？按照热胀冷缩的原理，如果降低温度，钢丝应该会收缩，假设在收缩的过程中，钢丝没有断，那么钢条会勒入地面多深呢？

[解]　初看这道题，你可能会认为，只是把钢丝的温度降低了 1 ℃，怎么可能明显地看出陷入地面的深度呢？让我们来看看实际的计算，你会大开眼界。实际上，钢丝的温度虽然只降低了 1 ℃，但是它的长度却要缩短十万分之一。我们知道赤道的长度为 40 000 000 米，也就是说钢丝会缩短 400 米，而钢丝所形成的圆周的半径减少的长度并没有 400 米，而是 $\frac{400}{2\pi} \approx$ 64 米。这样看来，钢丝冷却 1 ℃ 竟然会勒进地面足足有 60 多米，这真是令人惊讶的结果。

9.10　硬币自转了几圈

[题]　在图 9-4 中，有 8 个硬币，它们是完全相等的，其中有 7 个硬币是涂有阴影的是固定不动的，第 8 个没有涂阴影的硬币沿着其他 7 个的边缘滚动，请问如果这枚硬币想要绕着其他静止的硬币走上一圈儿，它自己要转多少圈呢？

如果你亲自摆好这几枚硬币，那么动动手就能亲自实验出来到底转了几圈。现在就像图中一样在桌上摆好 8 个硬币，固定好其中的 7 个硬币，然后盯着第 8 个硬币上面的数字，一旦数字回到起始位置，就代表硬币转了一圈。这个实验你可不要凭空想象，那样你会越想越糊涂，如果真正做一遍，你会发现硬币只需要转动 4 圈就能转完其他 7 个硬币。

如果手头实在没有硬币，我们可以通过在图上计算来得出相同的答案。

想要知道答案，就必须先弄清楚硬币在滚动的时候绕过静止的硬币所走的路径是怎样的。如图 9-4 所示，我们想象出来的运动轨迹就和虚线所显示的一样。从图上我们可以看出，滚动的圆所走的弧线 AB 中包含 $60°$ 角。而滚动的圆会形成两个弧线在每一个静止的圆上，也就是 $120°$ 角的弧线，所以可以得出一个结论，就是当绕过一个静止的圆的 $\frac{1}{3}$ 圆周后，滚动的圆相应地自己也转了 $\frac{1}{3}$ 圈。我们知道静止在圆周上的圆一共有 6 个，那么滚动的圆也就转了 $\frac{1}{3} \times 6 = 2$ 圈。可是这个结果和我们实验的结果相差一倍，到底是哪里出错了呢，我们亲自实验的结果不应该是错误的，所以肯定是在计算的时候出了错误。下面让我们来找找看到底是哪里出了错误。

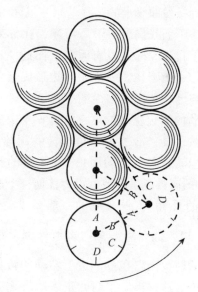

图 9 - 4　无阴影的硬币绕其他有阴影的 7 个硬币滚动一圈，需自转多少圈

[解]　我们一起重新看一下上面的分析过程。当圆在运动的时候，如果是沿着 $\frac{1}{3}$ 圆周长的直线段进行滚动时，那么它自转的圈数的确是 $\frac{1}{3}$。但是如果它是沿着弧线进行滚动的话，那这个结果就不对了，它就不是自转了 $\frac{1}{3}$ 圈，而是自转了 $\frac{2}{3}$ 圈，这个地方是关键，如果没有理解可以再多画几遍它的轨迹来自己琢磨。所以当滚动的圆转过 6 个硬币后，就算出它自转了：

$$\frac{2}{3} \times 6 = 4 (圈)$$

下面我们再来解释一下其中的原理。如图 9 - 4 的虚线所示，运动的圆绕着固定的圆走过 AB 弧线，这个弧度为 $60°$，也就是全圆周的 $\frac{1}{6}$，这个时候最高点不是 A 点，而是移到了 C 点，这就说明了圆周上的每个点转动的度数是 $120°$，相当于滚动了全圆周的 $\frac{2}{3}$。所以滚动的圆按照直线所走的路程和按照曲线走的路程是相差很远的。

下面我们出一道练习题，让你来检验一下自己到底有没有明白上面的原理。如果用一个圆绕着一个正六边形旋转，那么它自己一共自转多少圈（图9-5）？这个转动的圈数应该等于它沿着6条边所转的圈数以及它沿着6个角所转的圈数，6条边也就是六边形的周长，6个角的和除以2π的商数就是圈数。因为任何一个凸多边形的外角和是恒定的，都是2π，所以 $\frac{2\pi}{2\pi}=1$。那么圆形在六边形外围上滚动一周的转数比它在各个边上转动的转数多出一圈。这样当一个凸的正多边形无穷增加时就会接近圆周了，所以刚才的结论对于圆周也是通用的。所以在刚才的题目中，硬币沿着相等的硬币的弧线滑动

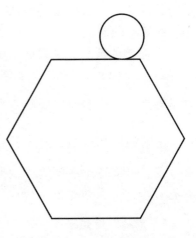

图9-5 如果滚动圆形沿着多边形的外边而不是沿与多边形周长等长的直线滚动，它将会多滚动几周

的时候，滚动的就是 $\frac{2}{3}$ 周，看来用几何学解释就很清楚了。

9.11 女孩走的是直线吗

在一个平面上，如果有一个圆沿着平面上的直线滚动，这个圆上的每一个点都在这个平面上移动，那么每一个点都会有它在这个平面上移动的痕迹。如果将这些点的轨迹描绘下来，你会发现很多条不同的曲线（图9-6和图9-7）。

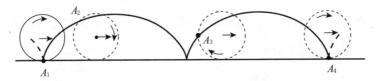

图9-6 圆滚线——圆周上点 A 沿直线作无滑动滚动时的轨迹

这时候，就有一个问题出现了，如图 9 – 7 所示，如果一个圆在另一个圆的圆周内侧滚动，那么它上面会不会有一点所形成的轨迹是直线而不是曲线的呢？

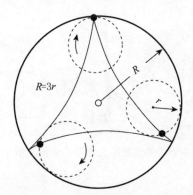

图 9 – 7　三角内圆滚线——沿一个大圆周内边滚动的
圆的圆周一点所留下的轨迹，其中 $R = 3r$

这个起初看着不可能存在的轨迹还真是存在的。不知道你有没有玩过这样一个玩具，我们叫它"钢丝上的女孩"。如图 9 – 8 所示，这个玩具我们也可以用一些生活中常见的东西做出来。找一个厚纸板或者是三合板，在上面画一个圆，直径为 30 厘米，将圆的一条直径向两边延伸，板上留出一定的空白部分。这时候，将两根缝衣针插在延长线上，然后用一根细线穿过针眼连接起来，水平拉直细线并固定在板子两边。接下来将刚才量好的圆形切割下来，然后再找一块三合板或厚纸板，在上面画一个直径为 15 厘米的圆，并切割下来，然后放入刚才的大圆中，在靠近小圆的边上再立好一根针，然后将一个剪好的走钢丝的姑娘的脚黏在针头上。现在你将小圆在大圆洞的边缘滚动起来，带动针头和小女孩儿沿着长直线移动，我们可以看到，小圆上插着针的一点的运动轨迹是完全沿着大圆的直径的，但是为什么在图 9 – 7 所示滚动圆里画的却不是直线而是曲线呢？这到底是哪里有问题呢？

从第一台热力发动机的发明者、俄国热工学家波尔祖诺夫那个时代起，这种用铰链通过直线运动传送的设计类装置就引起了很多机械师的注意。

这个设计是否能够按照直线运动的关键在于大圆和小圆的直径比值。

[题]　如果一个小圆在大圆的圆周内侧滚动，请证明：当小圆直径是大圆直径的一半时，在移动的时候，小圆上的任意一点都是沿着大圆直径

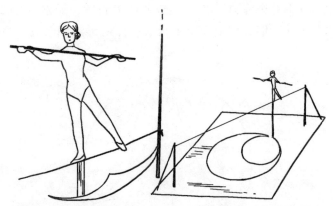

图9-8 "钢丝上的女孩"在滚动的圆形上沿直线移动的点

的方向进行直线运动的。

[**解**] 如图9-9所示，已知小圆 O_1 的直径是大圆 O 的直径的一半，那么，小圆在移动的时候，总会有一点是在大圆的中央重心位置的，假如 A 点在小圆 O_1 上，如果小圆是沿着 AC 作弧线滚动，那么在小圆 O_1 的新位置上，A 点会在什么地方呢？

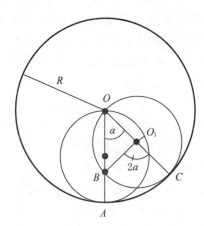

图9-9 "钢丝上的女孩"的几何学解析

很明显，这个点将会移动到 B 点上，使弧线 AC 等于 BC 的长度，圆进行滚动而不是滑动，假设 $OA = R$，$\angle AOC = \alpha$，那么 $AC = R \times \alpha$。所以，BC 等于 $R \times \alpha$，由于 $O_1C = \dfrac{R}{2}$，所以，$\angle BO_1C = 2\alpha$，此时 $\angle BOC = \dfrac{2\alpha}{2}$，所以 B 点在直线 OA 上。

　　而我们刚才制作的玩具正是一个能够使得旋转运动变为直线运动的最简单的装置。

9.12　飞机的飞行轨迹是什么样的

　　苏联人十分崇拜一位叫格罗莫夫的英雄，因为他曾经和他的朋友们驾驶飞机从莫斯科飞越北极到达美国的圣哈辛托，这项时间长达 62 小时 17 分钟的飞行壮举创造了两项世界纪录，第一个是不着陆直线飞行的距离为 10 200 千米，第二个是不着陆折线飞行 11 500 千米。你可能会有一个问题，这个问题很多人也提到过，但都没有找到正确的答案，这个问题就是飞机在飞越极地的时候会不会和地球一样绕地轴旋转呢？其实这个问题很简单，任何飞机都是随着地球旋转的，包括那些飞向极地的飞机。这个原因很简单，因为飞机即使离开了地面，也会受到大气层的影响，所以仍然会受到地球的吸引而和地球一同绕地轴旋转。

　　那这位英雄的飞机从莫斯科经过北极飞到美国这期间同地球一同旋转的轨迹是什么样子的呢？要想解答这个问题，就先要明白我们说的一个物体的运动是指它相对于另一个物体的相对位移，所以在进行轨迹或运动的问题讨论的时候先要指明一定的参考物，也就是指明一定的数学上的坐标或者说明运动时相对于什么物体运动，不然这样的探讨就是没有意义的。

　　相对于地球，这位英雄的飞机是沿着莫斯科子午线飞行的，这条子午线和其他的是一样的，都是绕地轴旋转的，不过沿子午线飞行也是随着地球旋转的，但是我们在地面上观测的话看不到这种运动的轨迹，因为这个运动是相对于其他的物体，而不是相对于地球。

　　我们可以用一个比较简单的实验来简化这道题目。如果我们将地球的北极区域想象为一个大圆盘，它所在的平面和地轴所在的平面是垂直的，如果这个圆盘是那个参考物，那么圆盘就是相对于地轴旋转的。如果一辆玩具车是沿着这个圆盘的直径匀速行驶的，把这辆玩具车当作那个沿子午线飞行的飞机，那么玩具车在我们这个平面上会走出什么样的轨迹呢？我们知道，从一端行驶到另一端，玩具车的行驶时间是由车速决定的。让我们来看看下面三种情况，分别进行分析，这三种情况中圆盘绕地轴旋转一周都需要 24 个小时：

第一种情况：玩具车行驶完所有距离花费的时间是 12 个小时。在这种情况下，我们来看图 9 – 10(a)，也就是说这辆小车跑完整个圆盘的直径用了 12 个小时。而在这段时间里，圆盘转了 180°，也就是半圈，相当于从 A 位置来到了 A′ 位置。所以如果我们把圆盘的直径分为 8 等份，这样每一段都要花费小车一个半小时的时间，如果这个圆盘是不旋转的，那么它一个半小时就会到达 b 点，而圆盘是在动的，一个半小时圆盘会转动 22.5°，这时候圆盘的位置变动到了 b′ 点。站在圆盘上的观测者，由于他是和圆盘一同转动的，所以他只能看到玩具车从 A 点来到了 b 点，但是如果你并不在圆盘上，所谓旁观者清，在一旁观看的人却发现玩具车是从 A 点移到 b′ 点，然后在下面的一个半小时里，玩具车会到达 c′；然后再过一个半小时玩具车将沿 c′d′ 弧移动；再过一个半小时，玩具车会到达圆盘的中心点 e。在圆盘外看到的轨迹完全是另一种景象，会发现小车的轨迹即曲线 ef′g′h′A，让人奇怪的是，玩具车并不是走到了直径的另一端，而是重新回到了起点。

为什么会发生这样的情况呢？其实原因很简单，在玩具车行驶过后半段的 6 个小时中，圆盘又转动了 180°，也就是回到了直径前半段的位置。玩具车到达圆心的时候是和圆盘一同旋转的，但是也只有小车的重心一点是和圆盘旋转的，只有这个点是这样的，飞机也是一样的情况。所以在不同的观察者眼中，看到的情况也是不同的。站在圆盘上一起旋转的人看到的轨迹是一条直线，而站在圆盘外没有一同旋转的人看到的运动轨迹却是曲线，如图 9 – 10(a) 所示的如人心脏的图形。如果你在一个十分梦幻的条件下，你站在地球的中心，地球又是透明可见的，而且你所在的平面并不随着地球的旋转而转动，且飞机穿越北极的飞行时间是 12 个小时，只有满足以上所有条件才会看到曲线的情况。实际上，如果是这样的飞行，从莫斯科穿越北极后来到一个同纬度上的正好相反的一点，这样的飞行时间并不是 12 个小时。下面，让我们来看下一种情况。

第二种情况：玩具车行驶完所有距离花费的时间是 24 个小时。圆盘上小车的运动轨迹如图 9 – 10(b) 所示，在 24 小时内，圆盘会旋转 360°，也就是整整一圈，图上所显示的轨迹就是相对于圆盘静止不动的观察者所看到的。

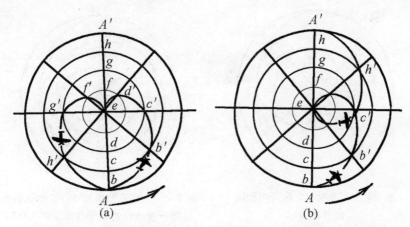

图 9 – 10　同时参与两种运动的一个点在静止平面上所画出的曲线图

第三种情况：玩具车行驶完所有距离花费的时间是 48 个小时。在这种情况下，小车从一端到另一端用了 48 个小时，而圆盘依然是转一圈用 24 个小时，也就是圆盘转了两圈。在前 6 个小时内，圆盘转了 90°，如图 9 – 11 所示，玩具车 6 个小时后应该在 b 点，但是由于圆盘的旋转小车到了 b' 点，又过了 6 个小时，小车在 g 点，小车继续向前走，如果将圆盘的运动和小车运动合起来看的话，就得到了图 9 – 11 中这条复杂的运动轨迹曲线。这时候的轨迹已经非常接近真正的飞行轨迹了，前半段是和真实轨迹一模一样的，而后半部分的飞行距离比前半段多出一半，这部分对于相对静止的观察者来说依然看到的是直线运动的情况，只是距离增加了一半而已。所以也就形成了最终的曲线，也就是图 9 – 12 上更为复杂的曲线。这幅图中，我们会发现飞机的起点和终点相隔不远，这是因为飞行起始的两地在时间上已经相差了两个半昼夜，所以自然会有一定的距离。这幅图是假设我们可以站在地心上看到的曲线轨迹情况，这是相对于某一个并不和地球地轴一同旋转的物体而画出的路线，所以这个路径也不是飞机的实际飞行轨迹。如果我们换到别的星球观察飞机飞行，看到的又会是另外的景象。比如在月球上，月球并不随着地球进行昼夜的转动，而是以月为周期进行运动，所以在飞机飞行的 62 个小时中，月球只经过了 30°的弧线，这并不影响观察者看到的轨迹。

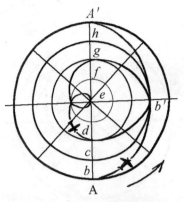

图 9 – 11　还有一个将两种运动
合并的曲线

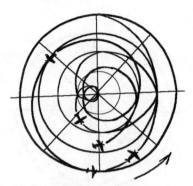

图 9 – 12　既没有参与飞行，也没有与
地球一起旋转的观测者想象中的莫斯
科——圣哈辛托的飞行路线

就像恩格斯在他的《自然辩证法》中说的：单个物体的运动是不存在的，所有的运动都是相对的。研究完这道题目以后，更让我们觉得这句话是正确的。

9.13　传动皮带有多长

一个老技师在离开学校之前，给他的徒弟们出了最后一道题，让他们用最简单的方法解答出来，让我们来看看是怎样的题目。

[题]　"我们车间中准备安一台新的传动装置，它和我们之前的装置不一样，这次不是有两个皮带轮的装置，而是有三个皮带轮的装置。"老技师拿出图纸给徒弟们看，如图 9 – 13 所示，这时候难题就来了，怎样才能根据纸上标注的尺寸算出皮带的总长度呢？

"图中已经有了三个皮带轮的尺寸以及直径，和两个轮轴之间的距离，如果只是根据这些数据，你们能不能在不进行其他测量的情况下算出传动皮带有多长呢？"技师将问题抛给了徒弟们。

大家开始思考，有一个人很快就有了想法，他认为既然已经知道轮轴之间的距离，那么只要知道弧线 AB、CD 和 EF 的长度就可以了，但是如果想知道弧线的长度必然要知道角度，但是没有量角器就解不出来了。技师

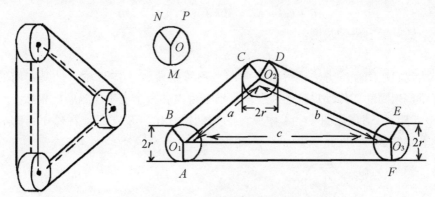

图 9 – 13　传动装置示意图

听到这样的答案似乎不太满意，他说："你刚才提到的那几条弧线，能不能不用任何量角器计算出来呢，因为我们没有必要非要知道三段弧线各自的长度，我们要求出的是它们的和……"这样的提示给了很多徒弟启发，他们似乎心中都有了题目的解法。于是技师让大家回家做好了明天带着答案过来。看到这里，你心里是否有想法了呢？如果不看下面的解题方法，你能不能先独立的解答这道题呢？

　　[解]　这个计算经过点拨以后果然很容易，其实传动皮带的总长度就是三个轮轴轴心之间的距离加上一个皮带轮的周长，用公式表示也就是：

$$L = a + b + c + 2\pi r$$

　　L 指皮带的总长。那三段弧线的总和就是一个皮带轮的周长，这一点很多徒弟都想到了，也这样进行了计算，但是想要用这种方法，就需要先用几何的方法证明出来，下面让我们来看一个技师认为最简单的证明方法：

　　如图 9 – 13 所示，图中 BC、DE、AF 都是皮带轮圆周的切线。从各个皮带轮的中心作半径到切点。这三个轮子都是一样的，所以它们的半径也都是相等的，所以 O_1BCO_2、O_2DEO_3 和 O_1O_3FA 是三个长方形，也就是 $BC + DE + FA = a + b + c$。下面就是要证明弧线 AB、CD 和 EF 的和等于一个皮带轮的圆周长。

　　我们在图 9 – 13 的上方作一个半径为 r 的圆，作三条直线 OM、ON、OP，其中 $OM \parallel O_1A$，$ON \parallel O_1B$，$OP \parallel O_2D$，因为各个角的边是互相平行的，所以也就可以得出 $\angle MON = \angle AO_1B$，$\angle NOP = \angle CO_2D$，$\angle POM = \angle EO_3F$。

　　也就可以得到：

$$\overset{\frown}{AB} + \overset{\frown}{CD} + \overset{\frown}{EF} = \overset{\frown}{MN} + \overset{\frown}{NP} + \overset{\frown}{PM} = 2\pi r$$

最后得出皮带长度：

$$L = a + b + c + 2\pi r$$

我们用同样的方法还可以证明出，不管是多少个皮带轮，只要它们的直径是相同的，传动皮带的长度就是轴心距离和一个皮带轮的周长相加。

[题]　请你用图 9 – 14 中标注的比例尺算出安装在四个直径相同的滚轴上的皮带的长度是多少。

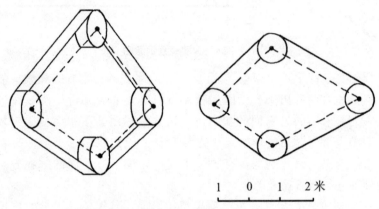

图 9 – 14　根据图的比例尺测量出所需尺寸，并计算传送带的长度

9.14　乌鸦真的 “聪明” 吗

我们都在小学语文中学习过这样一篇故事，名字叫作“聪明的乌鸦”。提到这篇课文的题目，估计你已经想到故事的内容了。这个故事讲的是一只乌鸦，它飞了很久，口渴难耐的它却一直找不到水喝，突然它看到一个盛着水的水罐，可是水罐里的水不多，而水罐的罐口也不大，乌鸦的嘴伸不进去，不过乌鸦想到向水罐中扔小石子，这样，水位不断上升，最终，聪明的乌鸦喝上了水。这里我们并不是要和你讨论为什么乌鸦会如此聪明，我们要从几何学的角度来探讨一下这个现象。下面我们来看一道题目。

[题]　假如这个水罐里的水只有一半，乌鸦依然用扔小石头的方法还能喝到水吗？

[解]　假设这个水罐为方柱形，而所要扔的小石头都是大小一样的球

体，那么只有水量能够将石子之间的缝隙填满才能上升到罐口，所以乌鸦用的这种方法不是在所有水罐里都有效的。下面我们来计算一下，至少得有多少水，石子扔进去以后水面才会上升到罐口，也就是计算石子之间的空隙有多大。我们将小石子排成一条直线，每个石子的中心都在这条直线上，如果用 d 表示石子的直径，那么小石子的体积为 $\dfrac{\pi d^3}{6}$，石子的外切立方体体积为 d^3。两个体积的差等于 $\left(d^3 - \dfrac{\pi d^3}{6}\right)$，也就是石子排列后的缝隙，这部分占整个立方体的比例为：

$$\frac{d^3 - \dfrac{\pi d^3}{6}}{d^3} = 0.48$$

这说明没有填满的空隙占整个体积的 48％，也就是说，水罐中空隙的体积之和不到整个水罐容积的二分之一。即使水罐不是方柱形，或者石子不是球形，也不会有太大变化，所以我们得出一条结论，那就是如果水罐内水的容量没有达到二分之一的话，那么无论乌鸦往水罐里投多少石子，水面也不会上升到水罐罐口的。就算乌鸦把石头堆得很紧，水面的上升高度也只能提高一倍而不会再高了。不过乌鸦再聪明也不会知道这个的，况且很多水罐都是中间凸出来的，水位提升的高度还会减少，所以也就证明了，如果水位没有水罐的一半高，那么乌鸦是喝不到水的。

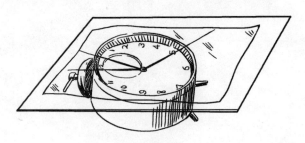

Chapter 10
无须测算的几何学

10.1　不用圆规也能作出垂线

一般来说，在进行几何题解答的时候，我们都需要用到尺子和圆规。如果不用圆规只用尺子能不能作图呢？你有想到怎么保证和用圆规做出来是一样效果的方法吗？

［题］　如图 10 - 1(a) 所示，在半圆之外有一点 A，从这一点向直径 BC 作一条垂线，条件是作图不用圆规，图中并未标明圆心的位置。

［解］　在这里，我们需要利用三角形的一个特性，那就是三角形的三条高是相交于一点的。利用这一特点我们就可以不用圆规解出这道题了。先将点 A 和 B、C 两点连接起来［图 10 - 1(b)］，得到在圆周上的交点 D 和 E，而三角形 BDC 和三角形 BEC 都是直角三角形，所以 BE 和 CD 是三角形 ABC 的两条高。那么第三个高也就是过点 A 向 BC 作出的垂线，而这条垂线必然会经过另外两条高的交点，也就是 M 点，只要用直尺作一条同时经过 A 和 M 的直线就可以了，所以我们在没有圆规的帮助下也完成了题目。

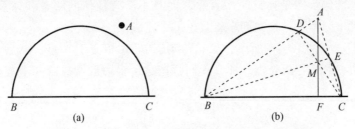

图 10 - 1　不用圆规作图的习题和解法：第一种情况

如图 10 - 2 所示，假设 A 点的位置使所求作的未知垂线落在直径上的延长线上，那么想要解答这道题就需要一个整圆，从图 10 - 2 中我们可以知道，这时候解题的步骤没有太大不同，只是这时候三角形各条高都不是在圆内而是在圆外了。

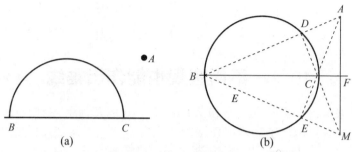

图 10 - 2　不用圆规作图的习题和解法：第二种情况

10.2　不规则薄铁片的重心

[题]　我们知道，一块三角形铁片的重心是三角形各条边中线的交点，如果是圆形，重心也就是圆的中央，如果是长方形或者是菱形，重心就是对角线的交点，不过这块铁片的质地必须是均匀的。如果是一块不规则的铁片呢？如图 10 - 3 所示，两个矩形拼在一起的一个图形，该怎样找到它的重心呢？前提条件是你只能用直尺，而且不能有任何的测量和计算。这听起来的确十分困难，让我们来看看该怎么完成。

[解]　如图 10 - 4 所示，延长边 DE 与 AB 相交于 N 点，然后将边 FE 延长和边 BC 相交于 M 点。那么我们就把这个多边形看成由两个矩形组成，

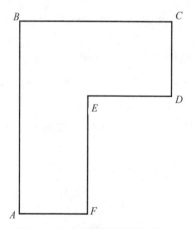

图 10 - 3　在只用直尺的条件下，
找出这块薄铁片的重心

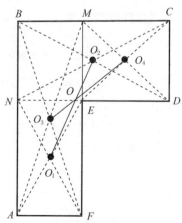

图 10 - 4　找到薄铁片重心的示意图

分别是矩形 *ANEF* 和矩形 *NBCD*。这两个矩形的重心都是它们的对角线的交点，也就是点 O_1 和 O_2。所以铁片的重心应该是在 O_1 和 O_2 的直线上。让我们来看看另外两个矩形，矩形 *ABMF* 和矩形 *EMCD*，它们两个的重心同样是在对角线的交点上，分别是在 O_3 和 O_4 两点上。由于两个铁片的重心必然在 O_1O_2 这条直线上，也就是说这个多边形的重心应该是直线 O_1O_2 和直线 O_3O_4 的交点，即 O 点。至此，我们就找到了这个多边形的重心，果然只用到了尺子就完成了这道题目。

10.3　拿破仑感兴趣的题目

在之前的题目中，我们在只用直尺不用圆规的情况下就完成了作图，不过第一节中已经给出了圆周。下面我们来研究另外几道题，它们的要求和之前的正好相反，现在只能用圆规而不能用直尺。这类题目中有一道题是由拿破仑一世出给法国的数学家们的。拿破仑是一个十分喜欢数学的人，他在阅读了意大利学者马克罗尼介绍的作图方法的论著后，就出了这道题目。

　　[题]　如果一个圆的圆心是已知的，那么在不用直尺只用圆规的情况下，能否将这个圆周平分成四等份呢？

　　[解]　如图 10 – 5 所示，现在需要把这个圆 *O* 分为四等份。先从圆周上的任意一点 *A* 出发，沿着圆周用圆的半径的长度依次在圆周上作出 *B*、*C*、*D* 三个点。显然，*AC* 弧线是 $\frac{1}{3}$ 的圆周长，而线段 *AC* 就是该圆内接等边三角形的一条边，如果用 *r* 表示圆的半径，那么 $AC = \sqrt{3}r$，*AD* 必然就是圆周的直径了。如果以 *AC* 为半径，从 *A* 点和 *D* 点分别作两段弧，相交于 *M* 点。

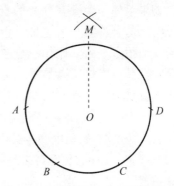

图 10 – 5　只用圆规，怎样将圆四等份

下面我们来证明直线 *MO* 的长度和圆的内接正方形的边长是一样的。因为在三角形 *AMO* 中，直角边

$$MO = \sqrt{AM^2 - AO^2} = \sqrt{3r^2 - r^2} = \sqrt{2}\,r$$

这也正是内接正方形的边长，所以只要圆规的开度等于 *MO* 的长度就能在圆周上划出四等分的点了。

[题] 如果拓展这个题目，在不用尺子只用圆规的情况下，如何能使 *AB* 之间的距离增加到 5 倍或者是一定的倍数呢？

[解] 首先，我们画一个以 *AB* 为半径，*B* 点为圆心的圆，如图 10 - 6 所示。在圆周上从 *A* 点出发，分 3 次画出 $\overset{\frown}{AB}$ 的距离，这时候我们就得到 *C* 点，这个点是圆周上和 *A* 点相对应的一个点，也就是说 *AC* 是 *AB* 的 2

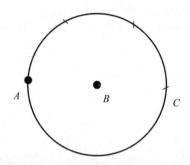

图 10 - 6 只用圆规，怎样将 *A*、*B* 两点之间的距离增大到 *n* 倍 (*n* 为整数)

倍。再以 *C* 点为圆心，以 *BC* 为半径画一个圆，这样我们就找到了和 *B* 点对应的直径的另一端的点，这时候我们已经作出 *AB* 的 3 倍了，继续画下去就会得到 5 倍或者任意指定的倍数了。

10.4 自制简单的三分角器

如果给你一个没有刻度的直尺和一个圆规，你可以完成任意角度的三等分吗？这个答案是否定的，但是数学上就会创造一些可能性，所以人们才会发明很多东西，比如三分角器就是这么发明的。它是用来进行角度三等分的器具。当然，简易的三分角器你也可以自己制作出来，只需要用厚纸板或者是薄铁片就能完成。下面让我们来看一下具体怎样制作。

如图 10 - 7 所示的三分角器和实际的大小是一样的，三分角器就是图中阴影的部分。*AB* 的长度和半圆半径相等，*BD* 边和 *AC* 边垂直，而且与半圆相切于 *B* 点，*BD* 的长度可以是任意的。在图 10 - 7 中，也示意了如何使用三分角器。

下面就看一个实际的例子，比如想要把图中的角 *KSM* 等分为三个角，那么先要将∠*KSM* 的顶点 *S* 放在三分角器的 *BD* 上，然后角的一边经过 *A* 点，∠*KSM* 的另一条边和半圆相切。然后只要连接 *SB* 和 *SO* 就完成了这个角的三等分。那么怎样证明用三分角器进行的三等分的做法是正确的呢？

我们连接半圆的圆心和切点 N，这时候我们发现三角形 ASB、三角形 OSB 和三角形 OSN 这三个是全等关系的三角形，所以 $\angle ASB$、$\angle OSB$ 和 $\angle OSN$ 肯定是相等的了。

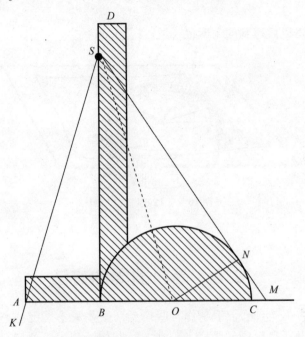

图 10 - 7　三分角器及其使用方法示意图

10.5　钟表三分角器

　　[题]　如果你手边只有圆规、直尺和钟表，那么能够对已知角进行三等分吗？

　　[解]　答案是肯定的。在一张透明的白纸上复制好给定的图形，当钟表的时针和分针重合时，将这张透明的纸放在表盘上。如图 10 - 8 所示，使透明纸上的图形的顶点和钟表的轴心重合，角的一边与表针重合。这时候，当钟表的分针开始移动，移动到另一条边的时候，在透明纸上沿着时针的方向从角的顶点作出一条线，这样得到的角度相当于时针转动的角度，然后用圆规和直尺，将这个角度增加一倍，然后再增加一倍，这种角度的增

大在前面我们介绍过，这样得出的角度也就是该角度的 $\frac{1}{3}$ 了。因为每当分

针走出一个 α 角时，时针移动的距离就是分针的 $\frac{1}{12}$，也就是 $\frac{\alpha}{12}$。所以将这

个角扩大 4 倍以后得到的角度也就是：$\left(\frac{\alpha}{12}\right) \times 4 = \frac{\alpha}{3}$。

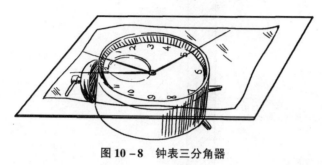

图 10 – 8　钟表三分角器

10.6　等分圆周的方法

有很多人喜欢自己亲手制作一些模型，这些人不是无线电爱好者，就是各种模型设计和制造的爱好者，在实际制作过程中，他们会遇到很多困难，下面就是困难之一。

[题]　如何在一块铁片上剪出一个正多边形，多边形的边数是给定的。简单地说，也就是将一个圆周划分为 n 等份，n 是整数。

[解]　如果用量角器解决这道题目的话，还是在用目测的方法，能不能用圆规和直尺的几何方法来解决这道题目呢？

首先我们要考虑一个问题，就是理论上只用圆规和尺子到底能把圆周准确地分成多少个等份？这个问题已经得到了很多数学家的解答，答案是：并不是所有的等分都是可以做到的，可以分成的等份数比如：2，3，4，5，6，8，10，12，15，16，17，…，257，…。有一些等份数是无法做到的，比如：7，9，11，13，14，…。而且不同的等分在作图方法上还有差别，没有一个通用的方法，方法多也导致很难把这些方法都记住。实际中，有一个方法可以求出等分的近似值，这个方法在几何学课本中并没有讲到，但是如此实用的方法你不能不会，下面就让我们来看看是怎样的分法。

假如我们要将图 10 – 9 的圆周等分为 9 份，我们先以圆周的任意一条直径为边作一个等边三角形，如图 10 – 9 所示，以直径 AB 为边作出等边三角形 ACB。然后按照 $AD:AB = 2:9$ 的比例截出两条线段 AD 和 DB。一般情况下，这个比值都是 $AD:AB = 2:n$，要分为几等份，n 就取几。连接 C 点和 D 点，并延长交圆周于 E 点。这样，弧线 AE 也就大概为整个圆周的 $\frac{1}{9}$，也就是线段 AE 就是正九边形的一条边，这个误差大概保持在 0.8%。假如要表示圆心角和划分出的等分份数 n 的关系，那么得出的关系式为：

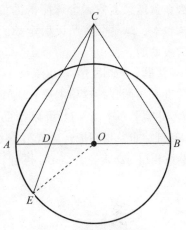

图 10 – 9　将圆周划分为 n 等份的几何学近似值求法

$$\tan\angle AOE = \frac{\sqrt{3}}{2} \times \frac{\sqrt{n^2 + 16n - 32} - n}{n - 4}$$

假如 n 的值比较大，也可以将上式改为近似值：

$$\tan\angle AOE \approx 4\sqrt{3}\,(n^{-1} - 2n^{-2})$$

另外，圆心角理论上应该等于 $\frac{360°}{n}$，用这个得数和 $\angle AOE$ 相比较就能知道使用上面的方法会造成多大的误差。

所以，一些无法精确等分的数量，我们可以用上面的方法进行等分，误差也不大，大概在 0.07% 至 1%。在大多数操作中，这样的误差是允许存在的，不过随着 n 的数值不断增加，误差也会变大，精确度会降低，但是这个误差经研究表明不会超过 10%。

10.7　打台球的技巧

很多人喜欢打台球，他们享受着将台球打入袋中的成就感，而且有时候台球并不是直线进入洞口，而是经过台球台边的反弹然后入袋的。那么在采用这种打法之前，你就要在脑海中进行一定的计算，并且用目测的方法在台球桌上找到台球撞击的位置以及所走的路径。如果是在弹性很好的球台上，球是会按照反射定律，也就是按照入射角等于反射角这样的规律来滚动的。

[**题**] 如图 10 - 10 所示，怎样使图中在球台中央的台球经过 3 次反弹后进入 A 洞呢？这里需要什么知识才能够解答题目并找到击球的方向呢？

[**解**] 图 10 - 11 可以帮助我们理解。假设台球被击打后滚动的路径 *OabcA*。如果我们把台球桌沿着 *CD* 线翻转 180°，也就是变到图中的位置 I，然后再绕 *AD* 旋转，绕 *BC* 再旋转，最终到达位置 III。那么原来的 A 点就是

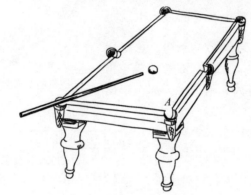

图 10 - 10　台球上的几何学题目

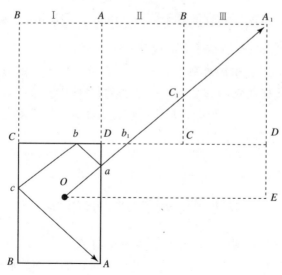

图 10 - 11　假设有 3 张同样的台球桌排在一起，你正向最远的一个洞瞄准

在现在 A_1 点的位置上。根据三角形的全等关系，我们很容易就能证明 $ab_1 = ab$，$b_1c_1 = bc$ 和 $c_1A_1 = cA$，即线段 OA_1 和折线段 $OabcA$ 的长度是相等的。那么，如果你脑海中想象击向点 A_1 的时候，台球就会按照 $OabcA$ 的轨迹滚动，从而落入袋 A 中。如此，我们还要思考一个问题，就是直角三角形 A_1EO 的两条边 OE 和 A_1E 什么时候才能相等呢？我们不难得出 $OE = \dfrac{5}{2}AB$ 和 $A_1E = \dfrac{3}{2}BC$。如果 $OE = A_1E$，那么就得出

$$\frac{5}{2}AB = \frac{3}{2}BC$$

即

$$AB = \frac{3}{5}BC$$

所以当台球桌短边和长边的比为 3∶5 时，并且在 $OE = EA_1$ 的情况下，我们击打位于球台中央的台球就可以沿和台球桌边成 45°角的方向击打了。

10.8　台球可以做题

10.7 节中，我们在解决台球的问题时运用了几何学的知识，解答起来并不复杂。下面这个有趣的问题，我们要利用台球来解答，在我们知道计算方法和程序后就可以利用计算的机器来完成这项工作了。所以人们发明了很多计算的机器，从简单的计算器到可以进行高级复杂运算的电脑，计算得又快又准。

这道题目通常是人们闲来无事时作为消遣的题目，就是如何借助两个已知容量的器皿，从一个装满水的已知大小的容器中倒出一部分的题目。让我们来看一道实际的题目：

这里有三种水桶，水桶容积分别为 12 升、9 升和 5 升，在 12 升的桶里装满了水，另两个为空桶，如果想用这两个空桶将大桶中的水分成两等份需要怎么做呢？想要完成这道题目并不用找来几个真正的木桶来做实验，只要在纸上画一张示意图就能完成。在下表中，一共有 9 栏，也就是说，想要完成等分需要倒 9 次，每栏都标明了每次倒入木桶中的水量。

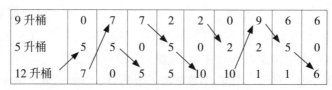

9 升桶	0	7	7	2	2	0	9	6	6
5 升桶	5	5	0	5	0	2	2	5	0
12 升桶	7	0	5	10	10	1	1	1	6

第一栏中：用 12 升桶中的水将 5 升的桶注满，那么 9 升桶是空的，5 升桶就是满的。

第二栏中：把 12 升桶中剩余的 7 升水倒入 9 升桶中。

按照表中所显示的顺序依次倒水。这样进行 9 次后就能完成等分了。当然你还可以想出其他的方法来解答这个问题，如果有一个固定的顺序用于倾倒各种容量的液体，就会让这些问题变得容易多了。还有一个问题就是，能不能利用两个容器从第三个容器中倒出想要的任何数量的水呢？比如上一题中如果不是要求等分，而是倒出 1 升或者 3 升等水量的水也是可以的吗？这些问题我们就要利用到上面提到的台球来解决了，你一定十分惊讶，台球也可以用来解题吗？

其实我们是要给台球造一个特殊的"台球台子"。我们需要找来一张纸，按照如图 10－12 所示的样子画出斜格子 $OADCB$，这些斜格子都是完全一样的菱形，菱形的锐角为 60°。在这张特殊的台球台子上，如果击球的方向是沿着 OA 的，假如台球会严格按照反射定律滚动，那它就会在 AD 边反弹，然后按照图中菱形的规律进行运动，先沿 Ac_4 滚动，到达 c_4 点后撞到台边 BC，继续沿着 c_4a_4 滚动，接着依次沿着 a_4b_4、b_4d_4、d_4a_8 等线滚动。

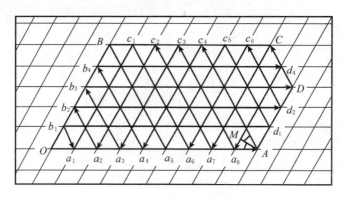

图 10－12　"聪明"的台球解题法

在前面的题目中，我们有三个不同容量的桶，分别是 9 升桶、5 升桶和

12升桶。那么我们图形就应该做成 OA 有 9 个格，OB 有 5 个格，AD 边有 3(12－9＝3) 个格，BC 边有 7(12－5＝7) 个格。在图上的每一点，和 OB、OA 两边相隔一定的格数。比如：c_4 点距离 OB 边有 4 格，距离 OA 边有 5 格；a_4 点距离 OB 边有 4 格，因为它本身就处在 OA 边上，所以距离 OA 边有 0 格；再比如 d_4 点距离 OB 边有 8 格，距离 OA 边有 4 格，等等。这样在图形的边上每个点都决定两个数字。

这两个数字中，一个是距离 OA 边的距离，决定了 5 升桶中水的数量，一个是距离 OB 边的距离，决定了 9 升桶中水的数量，而剩余的水量就是 12 升桶里面的数量了。

现在，我们已经把用台球来解答这道题目的准备工作完成了，下面就开始真正的解题步骤。将球沿着 OA 撞击出去，它碰到台边就会发生反射，然后碰到另一个台边，最后滚到 a_6 这一点，如图 10－12 所示，我们可以写出它每次碰撞的时候对应的三个桶中水的变化：

第一次碰撞：撞到边的点的坐标为 $A(9，0)$；这就代表着，第一次倒水应当按照下列要求分配水量：

9 升桶	9
5 升桶	0
12 升桶	3

这样第一步就完成了，下面按照台球的轨迹继续倒水。

第二次碰撞：撞到边的点的坐标为 $c_4(4，5)$；这就代表着，台球告诉我们第二次倒水应按照下列要求分配水量：

9 升桶	9	4
5 升桶	0	5
12 升桶	3	3

第三次碰撞：撞到边的点的坐标为 $a_4(4，0)$；这就代表着，台球告诉我们第三次倒水应按照下列要求分配水量：

9 升桶	9	4	4
5 升桶	0	5	0
12 升桶	3	3	8

第三次倒水的过程也完成了，小球依然向前滚动。

第四次碰撞：撞到边的点的坐标为 $b_4(0, 4)$；这就代表着，台球告诉我们第四次倒水应按照下列要求分配水量：

9升桶	9	4	4	0
5升桶	0	5	0	4
12升桶	3	3	8	8

第五次碰撞：撞到边的点的坐标为 $d_4(8, 4)$；这就代表着，台球告诉我们第五次倒水应按照下列要求分配水量：

9升桶	9	4	4	0	8
5升桶	0	5	0	4	4
12升桶	3	3	8	8	0

这样按照台球的滚动而完成了一系列的倾倒工作，这样两个水桶中也完成了等分的工作，分别有 6 升水，但是这个过程十分漫长，需要 18 步才能完成，远没有我们前面介绍的第一个方法好，只需要 9 步就能解决问题。

不过如果从不同的点击球，是可以有不同的方法的，比如如图 10 - 12 所示，让球停在 B 点，然后沿着 BC 线击出，这样，台球按照规律滚动就会比刚才简单很多，台球从 BC 边折回然后沿着 Ba_5 滚动，依次沿着 a_5c_5，c_5d_1，d_1b_1，b_1a_1，a_1c_1，直到最后沿着 c_1a_6。总共只需要 8 个步骤，如果将每一个点翻译出来，如下表所示：

9升桶	0	5	5	9	0	1	1	6
5升桶	5	0	5	1	1	0	5	0
12升桶	7	7	2	2	11	11	6	6

不过同类的题目可能无法都有答案，因为有一种情形就是返回到 O 点而撞不到要求的点上，这样也就解答不出来了。如图 10 - 13 所示，如果用 9 升桶、7 升桶从 12 升桶中倒水出来，用台球解题法，可以倒出任意水量的水，但是唯独无法将它们平分，就是得不到 6 升的水。还比如，用 3 升、6 升和 8 升这三种容量的桶解题（图 10 - 14），台球撞边 4 次后会回到 O 点，从下表可以知道不可能从这个 8 升的水桶中倒出 4 升或者 1 升的水来。

6升桶	6	3	3	0
3升桶	0	3	0	3
8升桶	2	2	5	5

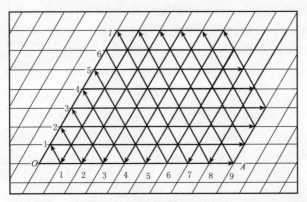

图 10 –13 "台球"解题法说明，用 9 升和 7 升空桶是
不可能将装满了的 12 升桶里的水一分为二的

虽然有些特殊的水量会解答不出来，但是用台球和特殊的台球台子作为计算机，对这类问题的解答也算是完成得很不错了。

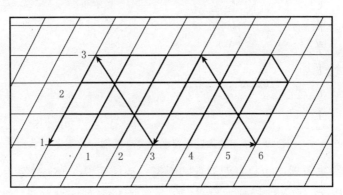

图 10 –14 关于倒水的另一个题目的解法

10.9 一笔画问题

[题] 如果让你将图 10 – 15 的五个图形用铅笔描画在一张纸上，并且要求每个图形都必须用一笔描出，也就是说，既不能中断也不能重复地描下来，你可以做到吗？

看到这五个图，你可能会觉得第四个看起来线条很少应该不难一笔画出，于是你开始描画这一个，但是不管你怎样下笔，都无法一笔画出，于是你尝试画第一个和第二个，发现很容易就画出来了，甚至连非常复杂的第三个图也是可以一笔描画出来的，只有第四个和第五个无法用一笔画出。为什么有的图形可以一笔画出，有的图形却不能呢？难道是因为我们的创造力不够或是这个图形压根就无法一笔画出吗？下面我们来解答这个疑问。

[解]　图形中的线和线之间都会有相交的点，如果汇聚在一点的线的条数为偶数，那么这个交点我们就叫它偶交点，如果这个线的条数为奇数，那我们就叫它奇交点。在图 10 – 15(a) 中，所有的交点都是偶交点；在图 10 – 15(b) 中，有两个奇交点，即 A、B 两点；在图 10 – 15(c) 中横穿图形的线段两端是奇交点；而在图 10 – 15(d) 和图 10 – 15(e) 中都有四个奇交点。

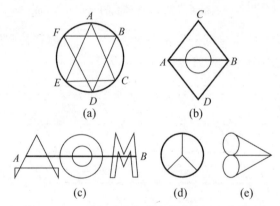

图 10 – 15　请你试着将图中每个图形一笔画出

我们先来看看图中全是偶交点的图形。例如图 10 – 15(a)，我们随意取一点 S，从这一点开始描画，当我们经过 A 点的时候，就会描绘出两条线，一条是远离这一点，一点是通向这一点，但是因为进出这个点的线条数目都是一样的，所以我们每一次经过一个交点移到另一个交点的时候，没有被画到的线条就会少两条，所以在画完后原则上是可以回到出发的点 S 的。

但是，如果我们已经回到起点，没有别的出路了，但是图中还剩下一条线，假如它是从交点 B 引出的，而这个点我们已经到过了，那就说明我们需要修改路线，在到 B 点的时候就先要画漏画的线条，然后再按照原路继续画。

比如我们本来打算这样一笔画出图 10 – 15(a)：先画出三角形 ACE 的三条边，然后回到 A 点，接着沿着圆周 ABCDEFA 画，这样就只剩下三角形

BDF，所以我们在离开 *B* 点去画弧线 *BC* 之前就要先画三角形 *BDF*，这样才能够一笔画完。所以，如果图形中所有的交点都是偶交点，那么这个图形一定可以一笔完成，而且描画的起点和终点是同一个点。

那么让我们来看有两个奇交点的图形是怎样的。比如图 10 – 15（b）就有两个奇交点，也就是 *A* 点和 *B* 点，这个图形我们依旧可以一笔画出。只要从一个奇交点出发，然后经过某几条线后到达另一个奇交点，比如沿着 *ACB* 从 *A* 点画到 *B* 点，描过这些线后，每个奇交点的地方都少了一条线，这时候奇交点就变成了偶交点，接下来的工作就和全都是偶交点的图形一样了。这样的图形很容易就用一笔画出了。

这里还要补充一点，就是从一个奇交点到另一个奇交点要选择合适的轨迹，不能形成和原有的图形完全断开的情况，比如图 10 – 15（b），如果你是沿着 *AB* 到达 *B* 点，这样圆周和其他的部分就断开了，这样也就无法一笔完成。在有两个奇交点的图形中，描画的起点和终点将不会重合，成功的描法就是从一个奇交点开始，到另一个奇交点终止。所以如果图形中包含四个奇交点，图 10 – 15（d）和（e），这样的图形一笔就画不出来了，需要两笔。所以，如果你在遇到问题的时候仔细思考，你就可以提前知道很多事情，也就不会花费很多无用功，而几何学中的很多知识都是教给你思考的正确方法的。

学习这一节后，你看到一个图形就可以马上判断出它能不能一笔画出了，而且你还会很清楚从哪个点开始画是正确的。你也可以自己随手画出一个图形，考验一下你的朋友，最后请你用上面的知识把图 10 – 16 中的两个图形一笔描画下来。

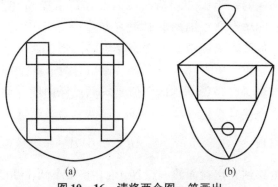

（a）　　　　　　　　　（b）

图 10 – 16　请将两个图一笔画出

10.10　一次能走过七座桥吗

如图 10 – 17 所示，两百年前，有七座相连的桥梁架在加里宁格勒（当时它叫柯尼斯堡）的普列格尔河上。

1736 年的一天，当数学家欧拉路过其中一座桥的时候，当时三十岁的他对这些桥产生了浓厚的兴趣，他在想，如果一个人在这座城市里散步，那么他能不能一次走完这七座桥呢？这很容易让我们联想到上面一节中学习的一笔画内容。如图 10 – 17 中的虚线，我们把有可能走的路线先画

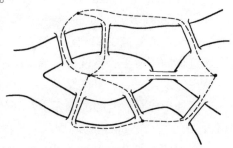

图 10 – 17　如果每座桥只允许走一次，那么就不可能把七座桥都走完

在图中，于是我们得出这个图形是一个有四个奇交点的图形。根据 10.9 节中的知识，这个图形是无法一笔画出的，也就是说，如果我们每座桥只走一次，是不可能走完所有的七座桥的。当时欧拉也证明了这一点。

10.11　几何学的　"大话"

在学习过前面的一笔画知识后，我们便知道了描画这类图形的秘密。大家都知道了有四个奇交点的图形是没有办法一笔完成的，但是你可以和你的朋友们说，你可以描画带有四个奇交点的图形，而且也能够保证笔不离开纸并且一笔完成，如图 10 – 18 所示，画出有两个直径的圆形。

从理论上来讲，这是做不到的。但是既然已经向朋友们保证了，该怎么实现呢？那么现在就教你一个小把戏，让你能够做到这一点。从 A 点出发画一个圆，当画完 $\frac{1}{4}$ 圆周也就是弧 AB 后，用另一张纸放在 B 点，然后将半圆的下半部分移到 B 点对面的一点 D，现在再将小纸片挪走，这时候在纸片上只有画好的弧 AB，但是铅笔已经到达了 D 点，接下来画完图形就不难

图 10 – 18 几何学"大话"

了，画出弧 *DA*，接着画弧 *AC*、弧 *CD* 和直径 *DB*，最后画弧 *BC*，当然也可以选择其他的路线，从其他的点开始画，你可以按照自己的习惯找出你的画法。

有了这个小把戏，你就可以在同学面前完成这个"吹牛"了。

10.12 如何知道这是正方形

[题]　一个裁缝裁出了一块布料，他想要检查一下这块布料是不是正方形的，于是他将布料沿着对角线对折两次，对折后发现四条边是重合的。请问这样的检查方法正确吗？

[解]　其实裁缝用的这种方法检验只能证明这块布料的所有边都是相等的。在凸角的四边形中，不止正方形是这样的，还有菱形对折两次后四条边是重合的。正方形可以说是特殊的菱形，因为它的四个角都是直角，所以这种检验方法显然是不正确的。我们还要证明布料的四个角是不是直角才可以，这个可以用眼睛目测出来，或者你可以将布料沿着中线对折，看这块布料折在一起的角是不是可以重合。

10. 13　谁是下棋的赢家

下面我们介绍一个游戏：先找一张四方形的纸，然后再找一些形状相同而且对称的小东西，用这些东西当作棋子，比如硬币、围棋棋子或者多米诺骨牌等，这些东西的数量要能够铺满整张纸。游戏需要两个人玩，要求两个人依次将棋子放到纸上的某个空白的地方，直到没有地方放下下一个棋子为止，所有已经放过的棋子位置都不能改变，赢家就是最后一个放入棋子的人。

[题]　请问你有没有一种方法可以保证走第一步的人肯定能在游戏中取胜呢？

[解]　第一个下棋的人首先应当抢占纸的中央位置，使这个棋子的对称中心和纸的中心是重合的，然后再放棋子的时候就把你的棋子放到对手所下的棋子的对称位置，不管对手放在哪里，你就放在他对称的位置上即可。这样第一个下棋的人总有地方放棋子，所以他肯定会胜利的。

其实这个游戏中的几何原理很简单，因为四角形有一个对称中心，也就是它中心的一点，经过这个点的直线都会被等分成两段，而且会把整个图形分成两个相等的形状，四角形中除了中心一点，其他任何一个点或者线都会有它对称的一点或一条线存在。所以开局的人如果先占领了中心的位置，那么另一个人不管把棋子放到哪里，在四方形中都会找到一个和这枚棋子对称的空白地方。而棋子的位置每次都由后一个人决定，所以先下的人必然能够玩到最后。可见，只要你是开局的人，那你肯定是会赢的。

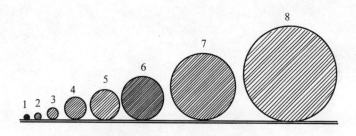

Chapter 11
几何学中的大与小

11.1　27×10^{18} 个什么东西
能够放进 1 立方厘米里面

看到标题中有这么多个零，你可能会觉得眼花缭乱。如果分开来数一数，会发现在 27 后面跟了 18 个零，那么这个数字应该怎么读呢？一般人会把它读为 27 万亿，不过科学上的读法为 27 乘以 10 的 18 次方，也就是 27×10^{18}。那么这么大的数字，如果是在 1 立方厘米里，什么东西能够有这么多呢？

答案就是在我们周围无时无刻不存在着的空气颗粒。空气是由分子构成的，经过科学家的研究证明，环绕在我们周围的空气，在温度为 0 ℃ 的条件下，1 立方厘米中含有 27×10^{18} 个空气分子。这个数字用大脑简直难以想象它的数量，世界上的总人口也不过是 50 多亿（现在世界人口已将近 70 亿），而空气中的分子数量在数量级上就比人口数多出 10^9。你用最高级的望远镜看宇宙中的天体，在宇宙中的所有星体，它们也都像太阳一样，被无数的行星环绕着，假如每个星球上都像地球一样住着这么多的居民，这样的人口总数依然无法和 1 立方厘米中的空气分子数量相比。这样大的数字我们无法有一个明确的印象，不过，即使稍微小一点，这个印象依旧不会很强，比如有人给你拿来一个可以放大 1 000 倍的显微镜，你会有正确的体会吗？

当然，不是每个人都有这个概念的，虽然 1 000 不大，但是在显微镜下放大 1 000 倍的意义就完全不一样了。对于在显微镜下看到的物体，它们真实的大小我们很难正确地判断，比如伤寒杆菌放大 1 000 倍，以我们正常的视觉距离 25 厘米看去，如图 11－1 所示，大小和苍蝇差不多，但是这可是伤寒杆菌放大 1 000 倍以后的样子，实际上它有多小呢？让我们再打个比方，如果将一个人放大 1 000 倍，那么他就有 1 700 米，这个高度完全可以摸到云彩，如图 11－2 所示，许多高楼大厦连你的膝盖都到不了。这个放大的倍数也就是伤寒杆菌和苍蝇比较而放大的倍数，可想而知细菌是多么的小。所以很多数字我们无法判断它们真正的意义，进行对比后才能对大小有更为准确的判断。

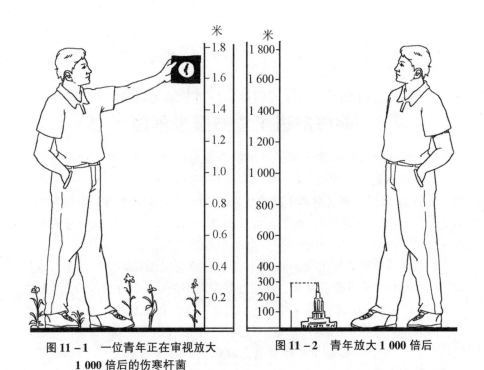

图 11 –1　一位青年正在审视放大　　图 11 –2　青年放大 1 000 倍后
　　　　　1 000 倍后的伤寒杆菌

11.2　怎样压缩气体

很多气体在工业生产上的用途很大，比如氧气、二氧化碳、氢气、氮气等。为了能够保存这些气体，就需要庞大的容器进行贮藏，比如我们要储藏 1 吨，也就是 1 000 千克的氮气，正常的压力下需要 800 立方米体积的容器来储藏，而如果要贮存 1 吨纯氧气，则需要体积达到 10 000 立方米的容器。可见气体所占的空间位置多么大。有人可能要问，那在 11.1 节中我们提到的 1 立方厘米里面竟然有 27×10^{18} 个空气分子聚集在一起，会不会很挤呢？肯定不会，实际上，一个氮分子或一个氧分子，它的直径只有 3×10^{-7} 毫米，如果根据这个直径算出分子的体积，将直径的立方看作它的体积的话，那么得到体积为：

$$\left(\frac{3}{10^7}\right)^3 = \frac{27}{10^{21}} \text{（立方毫米）}$$

1 立方厘米中的分子数量为 27×10^{18}，也就是说在这样的体积中，分子占有的体积为：

$$\frac{27}{10^{21}} \times 27 \times 10^{18} = \frac{729}{10^3}（立方毫米）$$

大约为 1 立方毫米，也就是说，分子只占到这 1 立方厘米空气中的 $\frac{1}{1\,000}$，可见它们是十分疏松的，这个空隙要比分子的直径大很多。分子在活动的时候，空间是很大的。空气中的分子都是不停运动的。既然这些气体的分子占的体积如此大，那么能不能将它们密集起来呢？工业上就是采用了压缩技术使气体变得更密实的，分子靠得更近。这就需要对气体施以压力，当然，我们施加多少压力，气体也就会对容器壁产生多大的压力。所以这就需要容器十分坚固，而且可以避免被气体所腐蚀。现在合成的一种化学容器可以达到这样的效果，这种容器是由合金钢材制造的，它既能够承受很大的压力和很高的温度，也能够免受化学物质的侵蚀。

现在，工程师可以将氢气压缩成原来体积的 $\frac{1}{1\,163}$，这样在正常气压下，1 吨重的氢气原本需要占 10 000 立方米的体积，如图 11-3 所示，现在就可以通过压缩把氢气装进仅仅 9 立方米的钢桶里了。

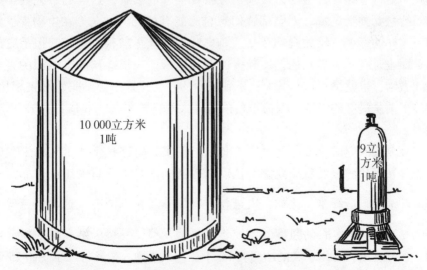

10 000立方米
1吨

9立方米
1吨

图 11-3　1 吨重的氢气在一个大气压下（左）和 5 000 个大气压下（右）的体积对比（图上比例仅供参考）

可是，到底要用多大的压力才能使得氢气的体积缩小到原来的 $\frac{1}{1\ 163}$ 呢？由物理学的知识可以得知，如果将气体体积缩小多少倍，那么压力就要增加多少倍。只看到这里，你肯定会问，那是要给气体施加 1 163 倍的压力吗？实际上并不是这样的，在钢瓶里氢气所承受的压力为 5 000 个大气压，也就是压力不是要增加到 1 163 倍，而是要增加 5 000 倍之多。这是由于气体的体积变化和压力成反比，不过，这个规律并不太适用于很大的压力下。比如，在化工厂里，将 1 吨重的氮气加上 1 000 个大气压，这样体积就会从正常气压下的 800 立方米变为 1.7 立方米，如果将压力变为 5 000 个大气压，氮气就会相应地缩小到 1.1 立方米。

11.3 神奇的织女

在古希腊神话中，有个关于一位拥有高超织布技艺的织女的古老传说，这位织女的名字叫奥拉克妮。她的织布技艺达到了十分娴熟的境界，她能够织出薄得像蛛丝，透得似玻璃，轻得赛空气的衣物，这样的手艺甚至超越了智慧女神雅典娜。人们都曾幻想自己能有如此的技艺。在生物界，就有着这样的好手，比如蜘蛛和蚕。蜘蛛吐出的丝虽然很细很细，但是它的横截面也是有一定形状的，比较多的就是圆形，一根蛛丝的横截面的直径为 5 微米，也就是 0.005 毫米，还有东西的丝会比这个更细吗？和蚕相比，蜘蛛可谓是最好的织工，因为蚕丝的直径大约是蛛丝的 3.6 倍，为 18 微米左右。

如今，人们已经将古代的传说变为了现实，而这些化学工艺的工程师们就是新时代的织女奥拉克妮，他们以普通的木材为原材料制造出非常牢固又纤细的人造纤维。比如，人造丝只有蜘蛛丝粗细的 $\frac{2}{5}$，这种人造丝是用铜氨法制造的，它的强度并不亚于天然的丝线，一般天然丝线的横截面为 1 平方毫米，可以承受的质量为 30 千克，而这种人造丝可以承受约 25 千克的质量（图 11 - 4 和图 11 - 5）。制造人造丝的方法也十分有趣，先把木材先加工为纤维素，然后将纤维素放入装有氧化铜的氨溶液中，使其溶解，将溶液通过小孔流到水里，用水将溶剂冲洗掉，然后再将得到的细丝绕到

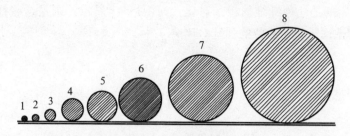

图 11 –4　几种纤维的粗细对比

1—铜氨人造丝；2—蜘蛛丝和醋酸纤维人造丝；3—粘胶人造丝；

4—耐纶；5—棉；6—天然丝；7—羊毛；8—人发

特殊的装置上，利用这种方法制作出来的人造丝粗细大约为 2 微米。还有一种厉害的制丝方法，就是醋酸纤维素法。这种方法得到的人造丝比铜氨法粗大约 1 微米，但是它造出的人造丝中，有一些承受的质量可以达到 126 千克，这样的程度比一般的钢丝还要强大，一般每平方毫米的钢丝也只能承受 110 千克的质量而已。而一般的粘胶人造丝粗细为 4 微米左右，每平方毫米横截面上可以承受的质量为 20 ~ 60 千克。

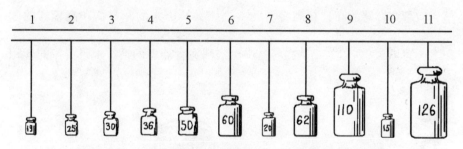

图 11 –5　纤维的每平方毫米横截面承重千克数的强度对比

1—羊毛；2—铜氨人造丝；3—天然丝；4—棉；5—人发；6—耐纶；7—粘胶人造丝；

8—高强度粘胶人造丝；9—钢丝；10—醋酸纤维人造丝；11—高强度醋酸纤维人造丝

通过化学加工的方法，由 1 立方米的木材得到的人造丝的数量大概相当于 320 000 个蚕丝茧，即 30 只羊一年的剪毛量，7 ~ 8 亩棉田棉花的年产量。这些人造丝的数量足足可以制造出 1 500 米的织物或 4 000 双丝袜。棉花长得太慢，还会受到天气的影响而每年收成不定。蚕的结茧能力也是有限的，蚕一辈子只能产出 0.5 克的蚕茧，所以天然蚕丝的数量也很有限。所以人造纤维或叫合成纤维，具有很高的经济价值，可谓是现代重大的技术发明之一。这一节中有两幅图，分别是对几种纤维的粗细比较和坚韧度比较。图

11 – 4 所示的是几种纤维的粗细对比，而图11 – 5展示的则是这些纤维每平方毫米横截面承重千克数的强度对比。

11.4 哪个的容量更大呢

在几何学中，我们不会碰到代数中的数量大小的对比，但是经常会遇到面积和体积大小的对比。和数量大小相比，几何学上的大小概念并不是非常明了，比如，5 千克牛奶和 3 千克牛奶哪个多一些，连小孩子也可以很快地回答，但是如果我们在桌子上放两个容器，却很难快速地回答哪个容积大一些。

[题] 如图 11 – 6 所示的两个容器哪个容量更大一些呢？左边的高度是右边的 3 倍，而右边的宽度是左边的 3 倍。

[解] 答案是宽容器的容量比高容器要大一些，你可能觉得不可思议，不过我们可以通过计算来证明这一点。假设宽容器的底面积是高容器的 4 倍，但是宽容器的高只有高容器的 $\frac{1}{3}$，那么算出来的宽容器和高容器的体积之比为 4:3，所以如果从高容器中倒水到宽容器里的话，水只占 $\frac{3}{4}$ 的容积（图 11 – 7）。

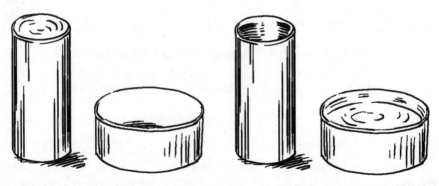

图 11 – 6 哪个容器的容量大一些　　图 11 –7 把高容器里的水倒入宽容器的结果

11.5　巨大的香烟

[题]　普通的香烟你一定是看到过的，但是你有没有见过是普通香烟 15 倍粗和 15 倍长的呢？在一家香烟店的门口就摆放着这样一支巨大的香烟。如果正常长度和粗细的香烟，需要用半克的烟丝，那么这根巨大的香烟需要多少烟丝呢？

[解]　这个很容易计算，用 $\frac{1}{2} \times 15 \times 15 \times 15$ 得出约需要烟丝 1 700 克烟丝。

11.6　鸵鸟蛋的体积有多大

[题]　如图 11 - 8 所示，有 3 颗蛋，它们大小不一，最右边的最小，是我们平时常见的鸡蛋，左边的偏大，是鸵鸟蛋，中间一个最大，是隆鸟蛋，隆鸟已经灭绝了。这一节我们只讨论两边的两颗蛋，隆鸟蛋我们放在下一节中讨论。那么请你仔细观察这两颗蛋，你觉得鸵鸟蛋的体积是鸡蛋体积的多少倍呢？从图上看，你可能会说估计是五六倍吧，但是如果用几何学的方法进行解答就会让你觉得不可思议了。

图 11 - 8　鸵鸟蛋、隆鸟蛋和鸡蛋的对比

[解]　我们对图上的两颗蛋进行实际测量，测出鸵鸟蛋的长度是鸡蛋长度的 2.5 倍，那么算出来鸵鸟蛋的体积是鸡蛋体积的：

$$2\frac{1}{2} \times 2\frac{1}{2} \times 2\frac{1}{2} = \frac{125}{8} \text{（倍）}$$

大概为 15 倍。可见这颗鸵鸟蛋是非常大的，如果一个五口之家每个人早上吃 3 个煎鸡蛋的话，一颗鸵鸟蛋的量就够他们美餐一顿了。

11.7 隆鸟蛋可以让多少人吃饱

[**题**] 在 11.6 节图 11–8 中最大的一颗蛋就是隆鸟蛋，这是一种非常大型的鸵鸟，生活在马达加斯加，它刚生下来的蛋长度可以达到 28 厘米，是一般鸡蛋（长度为 5 厘米）的 5 倍多。请问这个马达加斯加的隆鸟的蛋的体积相当于多少个鸡蛋呢？

[**解**]
$$\frac{28}{5} \times \frac{28}{5} \times \frac{28}{5} \approx 170$$

计算出来竟然相当于 170 个左右的鸡蛋，这个隆鸟蛋有八九千克，如此大的蛋完全可以让四五十个人吃上一顿了。

11.8 鸟蛋大小竟然相差 700 倍

[**题**] 大自然中有两种鸟类的鸟蛋大小差别非常大，一种是红嘴天鹅，一种是袖珍黄头鸟。如果对比它们的鸟蛋，你就会发现这中间惊人的倍数关系（图 11–9）。

[**解**] 我们测量了两个鸟蛋的长度分别是 125 毫米和 13 毫米，宽度分别是 80 毫米和 9 毫米，这两组数据：$\frac{125}{80}$ 和 $\frac{13}{9}$，几乎是成正比例关系的，由此，如果我们将这两颗蛋视为几何学上的相似形的话，是不会产生太大误差的。两颗蛋体积的比例大约是：

$$\frac{80^3}{9^3} = \frac{512\ 000}{729} \approx 700$$

这么算出来，它们之间的体积比竟然是 700，可见红嘴天鹅的蛋多大，袖珍黄头鸟的蛋多小！

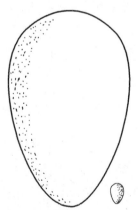

图 11–9　红嘴天鹅和袖珍黄头鸟蛋的大小对比

11.9　不打破蛋壳可以称出蛋壳的质量吗

[题]　如果有两颗大小不一样，形状也不一样的蛋，怎样不把蛋打破就能确定两颗蛋的蛋壳的质量呢？我们假设蛋壳的厚度是一样的，那么需要怎样测量和计算才能得出蛋壳的质量呢？

[解]　把每一颗蛋的长径的长度量出来，分别记为 D 和 d，第一颗蛋的蛋壳的质量我们用 x 表示，第二颗蛋的蛋壳的质量我们用 y 表示。既然蛋壳的质量和面积成正比关系，那么蛋壳的质量就和它的直径长度的平方成正比，因为已知两个蛋的蛋壳是一样厚度的，那么就有下面的比例式：

$$x : y = D^2 : d^2$$

我们可以分别称一下两颗蛋的质量，分别记为 P 和 p。如果蛋里的蛋清和蛋黄的质量与蛋的体积也是成正比例关系的，那么就和蛋长度的立方成正比例关系，也就能够得出：

$$(P - x) : (p - y) = D^3 : d^3$$

于是我们就有了两个二元方程，解这个方程组就能得到答案：

$$x = \frac{p \times D^3 - P \times d^3}{d^2 (D - d)}$$

$$y = \frac{p \times D^3 - P \times d^3}{D^2 (D - d)}$$

11.10　硬币的大小

在俄罗斯，硬币的质量和面值是成正比的。比如 20 戈比的硬币质量是10 戈比的 2 倍。因为这样的硬币有着相同的几何形状，所以只要知道一枚硬币的直径大小，也就能够相应地求出其他硬币的直径。下面，我们就可以根据这个原理来进行关于硬币的计算。

[题]　如果 5 戈比面值的硬币直径是 25 毫米，那你能算出 3 戈比硬币的直径吗？

[解]　根据上面知识的介绍，3 戈比硬币的体积与 5 戈比的比值为 3:5，

也就是0.6倍，那么3戈比的硬币直径就应该是5戈比硬币的$\sqrt[3]{0.6}$倍，即0.84倍。这样计算出的直径为：$0.84 \times 25 = 21$毫米。

11.11　一层多楼高的硬币

[题]　如果面值为100万卢布的硬币的形状和面值为20戈比的是一样的，只是质量增加，那么这枚100万卢布的硬币直径大小是多少呢？如果放在一个小汽车旁边，它会比小汽车高出多少呢？

[解]　让我们来计算一下硬币是不是像我们想象中的那么巨大。这枚硬币的体积是20戈比硬币的5 000 000倍，所以它的直径和厚度就是20戈比硬币的$\sqrt[3]{5\,000\,000} \approx 171$倍。20戈比的硬币直径尺寸在11.10节我们算出来过，是21毫米，那么用21毫米乘以171，得数大约为3.6米，这样的高度也就大概相当于一层半楼高，所以这么大面值的硬币的实际大小可能比你想象的要小一些吧。如果旁边有小汽车，估计是三个多小汽车的高度。

[题]　如图11-10所示，如果我们把一枚20戈比的硬币扩大到4层楼的高度，那么请你按照上面学习的计算方法算出这枚硬币的面值是多少？

图11-10　这枚巨大的硬币面值是多少

11.12　不要被图片所蒙骗

通过前面的学习，相信你已经会根据直径的尺寸来比较一些形状比较相似的物体的体积了，这样你就不会再因为这类问题而为难，下面这些臆造的画面里有些明显的错误，相信你一眼就能够找出来。

[题]　一个人平均寿命大约为七十岁，在他一生中，如果平均每天喝水量为 1.5 升，也就是七八杯水，那么他总饮水的量为 40 000 升。我们一般的水桶容积为 12 升，也就是说想要画出人一生中喝的水，就要比一般的水桶大 3 300 倍，那么图 11－11 的比例是正确的吗？

图 11－11　一个人一生中喝多少水

[解]　按照计算，这个容器的实际高度和宽度就是普通水桶的 $\sqrt[3]{3\,300} \approx$ 14.9 倍，也就是大约 15 倍。如果一个普通的水桶桶高和桶宽都是 30 厘米，那么想要装下一生喝的水就要用一个高和宽都是 4.5 米的大桶才行，所以在图 11－11 中画的图的比例是不正确的。正确的比例如图 11－12 所示。

[题]　同样的臆造案例还有很多，比如和图 11－11 选在同样的一本英文杂志上的图，上面画着一头大公牛，旁边画着一个人，假设这个人一天吃 400 克牛肉，我们算他的一生有六十年，他吃掉的牛肉就有 9 吨左右，折合为 18 头半吨重的牛，那么图 11－13 画的比例是正确的吗？

图11-12 一个人一生饮水量的正确示意图

图11-13 一个人一生的食肉量

[解] 这幅画的比例显然是错误的，这与我们的生活实际完全不一样，这幅图上的牛足足比实际大了18倍，牛的长、宽和高都大了18倍，也就是说它的体积比正常的牛大了 $18 \times 18 \times 18 = 5\,832$ 倍。要想吃掉这么大的一头牛，这个人最起码要活 $2\,000$ 年才能吃完，这是多么荒谬的事情。正确的画法应该是，这头牛的长、宽和高是平常的牛的 $\sqrt[3]{18}$ 即 2.6 倍，这样就不会造成上面如此惊人且不切实际的现象了。

我们从上面几个例子可以发现，用容器的形状来进行统计学上的数字比较是很难判断大小的，还是用柱式的图表更方便准确。

11. 13　你是标准的体重吗

我们假设人的体形从几何学角度来看是相似的，就平均值来看，即平均身高为 1. 75 米，平均体重为 65 千克。按照这样的比例来计算身高体重的话，如果你的身高比平均的矮 10 厘米，那你的体重应该是多少呢?

这样计算出来的结果可能会让你感到很意外。一般我们是这样解题的，那就是从平常的体重中减去一部分体重，和 10 厘米占 175 厘米的比例一样，也就是从 65 千克中减去 65 千克的 $\frac{10}{175}$，但是实际上这种计算方法是错误的，正确的计算应该按照下面的比例式来计算：

$$65 : x = 1. 75^3 : 1. 65^3$$

得出 $x \approx 54$ 千克。

这样得到的结果和一般的算法相差还是很大的，足足有 8 千克之多。用同样的算法可以得出比平均身高高 10 厘米的一个人的体重应该是多少，用比例式表示出来是：

$$65 : x = 1. 75^3 : 1. 85^3$$

得出 $x \approx 77$ 千克，也就是说比平均体重多了 13 千克。这比一般人想象多出来的体重要多很多。这种计算方法在医学上有很大的作用，比如根据不同人的体重计算用药量多少的时候。

11. 14　"大人"　和　"小人"

世界上的巨人有三位十分有名，一位是奥地利的文克尔迈耶。他的身高达到 278 厘米；另一位巨人是法国阿尔萨斯的克劳，身高为 275 厘米；第三位巨人是英国的奥柏利克，身高是 268 厘米（这是曾经的数据，现在的记录在不断更新中）。传说中这位英国的巨人可以用路灯来点燃自己的烟斗，他比正常的身高高出将近 1 米，而侏儒的身高却比正常的矮 1 米，大概是 75 厘米。传说中身高最小的侏儒是名叫阿吉百的阿拉伯人，他的身高只有 38 厘米，那么可以看出巨人是他身高的 7 倍，也就是体重将是他的 343

倍，所以有人曾经说过他量的一个人身高只有 43 厘米，这个矮人的体重是巨人的 $\frac{1}{260}$。

按照巨人和侏儒一般的身高来计算的话，很多人连他们的体重相差 50 倍都不会相信，更不要提我们之前说到的 300 多倍这么离奇的数字了。巨人和侏儒的体重之间的比例关系为：

$$275^3 : 75^3$$

得到 $11^3 : 3^3 = 49$。也就是说体重相差约 50 倍。不过我们对他们体重的比例关系估算有些夸大，不过这有一个前提就是他们身体比例是一样的。但是如果你看过一个侏儒，你就会发现他身体的每一部分和正常人的比例都是不一样的，巨人也是如此，其实称一下质量就知道真正差多少倍了。

11. 15　《格列佛游记》中的几何学

在《格列佛游记》中，有一段描写格列佛吃饭的情节很是有趣：

在离我住处不远的地方，有一排小房子，里面的环境还不错，有三百名厨师在里面为我做饭，有的厨师干脆全家都搬到房子中，这三百个厨师每人给我做两道菜。有二十个人在餐桌上服侍，另外还有一百个站在地上，有的扛着酒桶，有的端着菜盘，只要我说想要什么，桌上的几个人就会用绳子把它们吊上来……

作者在写这本书的时候，描写大人国和小人国里的东西都十分谨慎，避免了几何学关系上的错误。比如小人国中，他们的一英尺就相当于我们的一英寸，而在大人国里的话，我们的一英尺相当于他们的一英寸，在小人国里的所有东西和人都只有 $\frac{1}{12}$，大人国里的也就是我们现实的 12 倍。虽然比例关系很容易表述出来，但是实际上在书中有很多复杂的问题，比如：

（1）大人国里的一个苹果有多重？

（2）格列佛每餐要比小人国的人多吃多少东西？

（3）格列佛做一套服装，比小人国的人多用多少布料？

作者在处理书中的情节时大多数都比较合乎实际。既然他设定小人国的居民身高是格列佛的 $\frac{1}{12}$，那他们的体积和格列佛相比，就是格列佛的 $\frac{1}{12 \times 12 \times 12} = \frac{1}{1\,728}$，如果想要让格列佛吃饱，那么就要小人国 1 728 个人吃的食物才够。怪不得上文中介绍到需要那么多的厨师。

在书中，格列佛在小人国中穿的衣服的尺寸计算都十分精确。按照 12 倍的比例，格列佛身体的面积也就是小人国人的 $12 \times 12 = 144$ 倍，这样看起来他所需要的布料和裁缝都很多，这些细节斯威夫特在小说中都考虑到了，他在书中借格列佛的口述提到，给他做衣服的裁缝要 300 多个，如图 11 - 14 所示，由于任务紧急，就找来多一倍的裁缝替格列佛赶制了整套衣服。

如此准确的计算在他的小说中基本上每一页都有。诗人普希金在长诗《叶甫盖根尼·奥涅金》中写道："时间是根据日历算出来的。"而《格列佛游记》中提到的尺寸都是符合几何学定律的，只有极少数地方有些不妥，尤其是发生在大人国的一些现象。

有一天，我和一位宫廷人员来到花园散步，他把我放到了地上，我们俩离得很近，旁边有十几棵苹果树，于是他抓住这个好机会报复我，摇了一下我头上的树枝，于是，苹果像電子一样砸向我的身上，一个个如同木桶般大小，有一个苹果正好砸在了我的后背上，把我打倒在地上……

格列佛跌倒之后立即爬了起来。通过计算，这个苹果应该比我们正常苹果大 1 728 倍，也就是大约 80 千克，而且又是从 12 倍高的树上掉下来，如此巨大的力量比正常苹果掉下来要大 20 000 倍，可以拿来和炮弹相比，这样砸在格列佛身上是毁灭性的，可他还可以站起来，显然这里是错误的。

在计算大人国人的肌肉力量的时候，斯威夫特也犯了很大的错误，在 Chapter 1 中，一个动物的个头和它是否具有强大的威力是没有关系的。如果按照 Chapter 1 的这个原理，也就是说大人国的人的肌肉力量是格列佛的 144 倍，体重是他的 1 728 倍，这样看来格列佛可以举起和他体重相当的重物，但是大人国的巨人们却只能躺在地上，没有任何能力进行活动。但是在书中斯威夫特却描写得神灵活现，这就说明他的计算是不正确的。

图 11－14　小人国的裁缝为格列佛量体裁衣

11. 16　为什么尘埃和云可以浮在空中呢

很多人认为，之所以尘埃和云之类的物质能够飘浮在空气中，是因为它们比空气轻，这种回答是很常见的，大家也认为这是正确的，甚至觉得没有任何可以怀疑的地方。但是实际上，这种解释存在很大的误区，因为尘埃和空气相比，非但不比它轻，反而还比它重好几百倍，甚至数千倍。不要觉得惊讶，下面我们来解释其中的原理。尘埃到底是什么呢？尘埃就是石头、玻璃碎末、煤炭、金属粉末、木材等各种各样的重物的微粒，只要你知道了什么才是尘埃，你应该就不会认为这些东西是比空气轻的了吧。这些东西有的比水还要重，有的是水的密度的 $\frac{1}{2}$ 或 $\frac{1}{3}$ ，而水的质量是空气的 800 倍，所以尘埃至少也比空气重数千倍。这些数据表明那些认为尘埃是浮在空气里的说法显然是没有进行仔细思考的。

现在，我们已经知道了对于这种现象的认识是错误的，能够飘浮在空气里或者液体中的物体，它们的质量不会超过同体积的空气或液体的质量。其实尘埃在空中不是飘浮着的，准确地说，它们应该是在飘落着，也就是在做缓慢向下落的运动。由于空气阻力的原因减缓了下降的速度，它们在下落的时候会挤开其他空气分子，或者带着空气分子一同下落，这种下落过程都是要消耗能量的。

能量的消耗和下落物体的横截面积有关，物体的截面积越大，那么它所消耗的能量也就越大。不过如果是质量非常大的重物，其在下降的时候，空气的阻力对它的作用就不会很大了，因为它受到的重力和阻力相比要大很多。一个物体的体积减小会对它的质量和截面积大小有影响吗？显然是有影响的。根据几何学的知识，如果体积减小，那么对质量的影响要比对截面积的影响大，因为质量是和物体直线尺寸的立方成正比的，而阻力是和面积也就是直线尺寸的平方成正比的，所以显然质量的变化更加显著。

下面，我们来做个实验，准备一个直径为 10 厘米的小球，然后再找一个同样材质的小球，直径为 1 毫米，那么这两个小球的直径比值就为 100∶1，那么小球的质量就是大球的一百万分之一，小球在下落的时候遇到的空气阻力就只有大球的万分之一。所以很容易得到小球下降的速度会比大球慢一些，所以，这就是为什么尘埃会在空气中停留，因为它们尺寸很小，会受到空气阻力的影响，所以并不是因为它们比空气轻的原因。如果直径为 0.001 毫米的水滴在空气中匀速下落，速度为 0.1 毫米/秒，那么即使空气气流再微弱也会影响它的运动，使它下降的速度变慢。

这就是在没有人居住的房间内灰尘会比许多人住的房间中要多的原因，而且白天的灰尘要比晚上少，因为空气中产生的气流会干涉灰尘的下降速度，也就是说空气如果不流动也就不会干扰尘埃的下落，像没有人走动的比较平静的场所。

如果将一个边长为 1 厘米的立方体石块等分成边长是 0.000 1 毫米的立方体灰尘，那么这个石块的表面积就增加到原来的 100 000 倍，这说明阻力也增加了这么多倍，所以对于很小的尘埃，空气阻力的增加就会使得尘埃下降的状态变成了飘浮在空气中，所以认为云彩好像是由水蒸气的小水泡形成的谬论也就被推翻了。

其实云就是由无数非常小的紧实的水微粒聚集在一起而构成的。虽然它们的质量是空气的 800 倍，但它们也不会掉下来，因为它们的面积比质量大很多。所以即使是很微弱的气流也不会影响云彩缓慢地降落，如果将云拖在一定的水平面上，还会使云彩上升。不过如果是在真空的状态下，尘埃和云都会像石头一样直接落下来，所以这些现象主要的原因就是空气的存在。

Chapter 12
几何经济学

12.1 托尔斯泰的题目： 帕霍姆的买地法

几何和经济学也有关系吗？你可能会觉得这两者没什么关系，其实不然，学习完这章以后你就会明白。下面我们先来看一篇故事，这是托尔斯泰著名的短篇小说《一个人需要很多土地吗》中的片段。

"这地怎么卖？"帕霍姆问。

"我们是按天计算的，一天一千卢布。"

帕霍姆听后一头雾水，"按天计算？这怎么算啊？时间怎么和俄顷等价呢？"

那个人说："我们不算账，我们就是按天计算的，价钱是一千卢布，你一天能圈出多少地，就都是你的。"

帕霍姆一听，心想一天可以圈很多地方的啊，这样岂不很值？

"一天圈出的地方就都归我了？"

酋长看出了他的想法，说道："是都归你了，不过条件是如果你一天之内没有办法回到出发的地方，那钱就白给了。"

"那我怎么标记我已经走过了的地方呢？"

"我们就站在你选择出发的地方，然后你带着一个耙去转圈，你看中的地方就挖个小坑，放进去一些草，最后我们会用犁沿着你挖的坑犁出界线。只要你日落之前回到我们站的地方，你画多大的圈，那个圈里的地就都归你。"酋长又给他仔细解释了一下。

于是大家就都散去了，约好明天天不亮在这里集合，等太阳出来就开始。

第二天，他们来到草原上，此时太阳还没出来。酋长来到帕霍姆面前，指着前面的地方说道："就是前面这一片地方，你随便挑出发的地方吧。"

酋长把自己的狐皮帽子拿下来，放在地上，"就从这里出发吧，日落之前回到这里，圈多少就都是你的了。"

太阳出来了，帕霍姆拿着耙出发了。走了一俄里，他就在地上挖了一个小坑，然后继续往前走，又走了一段，就又挖了一个小坑。他走了有五俄里，看到太阳已经升起来不少了，他心想："一天走四站，这算走了一站了，不用急着拐弯，现在走了五俄里了，那再走五俄里再拐吧。"于是他歇了一会儿又站起来出发了，走了一段后，他觉得差不多了，于是挖了个大坑，转弯向左拐去。

左转后他又走了不少路，然后又拐弯了。天气很热，土丘上雾气蒙蒙的，隐约还可以看到土丘上的人，他想："刚刚的两条边差不多走得够多了，这条边看来要走短一些了。"这时候已经将近中午了，第三条边他只走了两俄里，现在到原来的地方还有15俄里，"就算地不是方方正正的，能拿多少是多少吧，我沿着直线走好了。"帕霍姆又挖了个大坑，继续向前走去。这个时候，帕霍姆感觉很累，但是眼看着太阳一点点地落下去，他根本就没有休息的时间。他的步子越来越沉重，但他不得不加快脚步，后来都跑了起来。衣服早就被汗水湿透了，心脏跳得十分厉害，胸膛里就好像有个风箱在不停地抽动。

帕霍姆努力地向前跑着，太阳慢慢下山了，已经离天边很近了。帕霍姆看到了远处的首长，他竭尽全力向前跑去，太阳马上就看不到了，他用尽最后的力气加速跑到帽子的地方，双手扑向帽子（图12-1）。"好样的，你终于有地啦！"首长大声喊起来。一个佣工跑过去想把帕霍姆扶起来，却看到他满嘴是血，已经死在帽子旁边了……

图12-1　帕霍姆用尽全力跑着，而太阳就要落山了

　　这个故事的结局有些凄惨，不过这里我们并不想探讨故事的结局，我们主要来看看故事里涉及的几何学知识。托尔斯泰出的这道题目就是，帕霍姆到底跑出了多少土地呢？仔细读完故事你会看到有几个数据，我们可以将他走过的土地在纸上画出来，然后再根据几何的知识求解。

　　[解]　从故事的情节描写中，我们知道帕霍姆是沿着一个四边形进行圈地的。我们看到第一条边是：

　　"不用急着拐弯，现在走了五俄里了，那再走五俄里再拐吧。"也就是说这条边长是 10 俄里。这个时候他拐弯了，也就是第二条边和第一条成直角，不过他并没提到第二条边走了多长，之后他提到了，"第三个边他只走了两俄里"，显然第三条边和第二条边也是垂直的。第四条边也提到了，"现在到原来的地方还有 15 俄里"，那么根据这些数据我们就可以绘图了。

　　如图 12–2 所示，我们画出了帕霍姆圈出的地块的图形，四边形 ABCD 中，AB = 10 俄里，CD = 2 俄里，AD = 15 俄里，其中 ∠B 和 ∠C 都是直角。如果从 D 点向 AB 作一垂线 DE，如图 12–3 所示，我们不难算出 BC 的边长，直角三角形 AED 中，我们已知 AE = 8 俄里，AD = 15 俄里，那么 ED ≈ 13 俄里。这样就得出了 BC = 13 俄里。显然帕霍姆在这个地方出错了，第二条边实际上比第一条还要长一些。这样图 12–2 就是准确地绘制出了帕霍姆圈的地的平面图。这样我们就能很容易算出梯形 ABCD 的面积了，如图12–3 所示，该地块的面积也就是由一个矩形 EBCD 和一个直角三角形 AED 组成的。面积为：

$$2 \times 13 + \frac{1}{2} \times 8 \times 13 = 78（平方俄里）$$

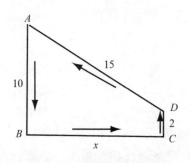

图 12–2　帕霍姆的圈地路线

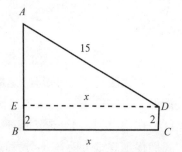

图 12–3　根据路线计算圈地面积

如果根据梯形面积公式也可以算出相同的结果：

$$\frac{AB+CD}{2} \times BC = 78 (平方俄里)$$

这样我们就知道帕霍姆大概圈出的土地的面积为 78 平方俄里，大约是 8 000 俄顷（1 平方俄里 ≈ 104.16 俄顷 ≈ 1 142 333 平方米），总共花费了 1 000 卢布，也就是说每俄顷的土地花费了 0.125 卢布，即 12.5 戈比（1 卢布 = 100 戈比）。

12.2 怎样使四边形面积最大

[题] 帕霍姆在他跑死的那天，总共走了 10 + 13 + 2 + 15 = 40 俄里，也就是沿着一个梯形的四周走了一圈。他最初打算走出一个长方形，但是由于判断失误没有计算好，所以走出了一个梯形，这样的形状变化对他是有利还是有弊呢？在走的总长度不变的情况下，如果他想要得到更多面积的土地，应该走什么样形状呢？

[解] 有很多矩形的周长是 40 俄里，它们的面积各不相同。比如：

$$12 \times 8 = 96 (平方俄里)$$
$$11 \times 9 = 99 (平方俄里)$$
$$13 \times 7 = 91 (平方俄里)$$
$$14 \times 6 = 84 (平方俄里)$$

上面列举出来的周长为 40 俄里的图形面积都比我们之前的梯形面积大，不过也有面积比较小的图形，比如：

$$19\frac{1}{2} \times \frac{1}{2} = 9\frac{3}{4} (平方俄里)$$
$$19 \times 1 = 19 (平方俄里)$$
$$18 \times 2 = 36 (平方俄里)$$

所以，无法对上面的题给出明确的答案，因为在周长相等的情况下，有些矩形面积比梯形大，有些却比梯形小。但是，能否给出一个确切的答案，就是在这个周长下，哪种矩形的面积是最大的呢？

我们仔细观察上面各式会发现，矩形两条边长相差越小，矩形的面积就越大，这样就很容易得出结论，就是如果两边边长之差为零的时候，面积会达到最大值。这个时候矩形就变成了正方形，面积为 10 × 10 = 100 平方俄里。这个面积比之前算出的所有图形的面积都要大，所以正方形是和其他周长相等的矩形相比面积最大的。所以帕霍姆应该沿着正方形的形状走才能走出最大面积的土地，比他走出的梯形多出了 22 平方俄里。

12.3　为什么正方形的面积最大

12.2 节中，我们得出的结论是正方形有种特性：周长相等的矩形中，正方形的面积最大。那么能不能用几何的方法予以证明呢？下面我来论证一下。

如果矩形的周长用 P 表示，假如矩形是正方形，那么它的边长就是 $\dfrac{P}{4}$，我们需要证明的就是，如果缩短一条边长，那么另一条边长就要增加，这样得到的面积是比正方形面积小的。假设一条边长缩短的长度为 b，那么另一条边增加 b，我们假设正方形面积大于矩形面积，得到的式子为：

$$\left(\frac{P}{4}\right)^2 > \left(\frac{P}{4}-b\right)\left(\frac{P}{4}+b\right)$$

式子右边等于 $\left(\dfrac{P}{4}\right)^2-b^2$，所以，算式可以整理为：

$$0 > -b^2 \text{ 或 } b^2 > 0$$

这个式子显然是成立的，因为任何非零数的平方都是大于零的，也就是说明之前列出的不等式是成立的。那么就证明了周长相等的情况下，正方形的面积是最大的。

我们还能得出这样一个结论，就是在面积相等的情况下，所有矩形中正方形的周长是最短的。这个命题我们可以用反证法来证明，假设这个说法不对，那么就存在一个矩形 A，它的面积和正方形 B 是一样的，但是周长却比正方形短。这样的话，假如用和矩形 A 相同的周长作正方形 C 的话，这个正方形 C 就应该比矩形 A 面积更大，也比正方形 B 面积更大，这样会发生什么呢？也就是正方形 C 的周长比正方形 B 短，面积却比它大，这显然是不成立的，既然边长要短，那么面积对应地也会变小，也就是说同面积的矩形中，正方形是周长最短的。

这样，如果帕霍姆知道正方形的这几个特性，他也就会正确地根据自己的体力得出最大面积的地块。如果他不费劲儿地跑 36 俄里，得到边长为

9 俄里的正方形，就能够得到一块面积为 81 平方俄里的土地，这比他跑累死得到的土地还要多出 3 平方俄里。如果他只想得到 36 平方俄里的土地，那他只要跑出边长为 6 俄里的正方形就可以了。

12.4　还有面积更大的形状吗

你或许会有这样的疑问，帕霍姆为什么一定要走出一个四边形呢？会不会走出其他形状呢？三角形、四边形、五边形甚至更多条边的形状会不会得到面积更大的土地呢？

如果再从严格的几何学角度来重新进行证明和计算，可能你会感到很无聊，那我们就只向大家介绍一下结果。首先，我们可以证明在所有周长相等的四边形中，正方形的面积是最大的，这个我们在 12.3 节中就解释证明了。所以如果帕霍姆想得到四边形的土地，那么在他一天只能跑 40 俄里的状态下，他能得到的土地一定不会超过 100 平方俄里。其次，我们可以证明，在周长相等的情况下，正方形的面积永远比任何三角形的面积大。简单计算一下，周长相等的等边三角形，边长也就是 $\frac{40}{3}$ 俄里，那么它的面积就是：

$$\frac{1}{4} \times \left(\frac{40}{3}\right)^2 \times \sqrt{3} \approx 77 \text{（平方俄里）}$$

这个面积比帕霍姆在小说中围出的面积还要小一点。

周长相等的三角形中等边三角形面积最大，这一点我们会在后面来解释。面积最大的三角形都要比正方形小，其他的三角形面积就更不值得一比了。不过，如果帕霍姆选择走出五边形、六边形，那么正方形面积的优势也就没有了，因为正五边形的面积比正方形还要大，正六边形更大。我们拿正六边形举个例子，如果周长还是 40 俄里，那么正六边形边长就是 $\frac{40}{6}$ 俄里。它的面积为：

$$\frac{3}{2} \times \left(\frac{40}{6}\right)^2 \times \sqrt{3} \approx 115 \text{（平方俄里）}$$

所以，如果帕霍姆选择走出一个正六边形，那么在花费相同的精力和体力的情况下，可以得到一片更大的土地，比他跑出的土地多出 115 – 78 =

37 平方俄里，比一个正方形的土地多出 15 平方俄里，不过这种图形想要走出来就要带上测角仪了。

[题]　现在给你 6 根火柴，请你拼出一个图形，使得它的面积最大。

[解]　我们知道，6 根火柴可以拼出很多图形，比如等边三角形、矩形、不等边五边形、不等边六边形、正六边形。如果你将这些图形一个个进行比较，那么你会得到和几何学家一样的结论，那就是正六边形的面积是最大的。

12.5　谁的面积最大

我们可以证明：正多边形的地块在周长相等的情况下，边数越多面积也越大。所以在周长一定的情况下，圆形的面积是最大的。如果帕霍姆知道这个特性，跑出一个周长是 40 俄里的圆形，那么他跑出的面积可以达到 127 平方俄里。

那么，是不是再也没有任何一种图形在周长相等的情况下会具有比圆形更大的面积了呢？你可能会觉得这个圆的特性看起来是正确的，但是很想知道如何用几何的理论来证明它。其实，能够证明的证据并不充分。数学家施泰纳在提出圆的特性的时候给出过一些证据，但并不是很严谨，而且他的证明过程十分烦琐，如果你不是那么感兴趣可以直接看后面的内容，不过我们还是要把他的证明过程提供给那些对这个问题感兴趣的人。

下面，我们来证明在周长一定的情况下，面积最大的图形是圆形。首先，我们要确定这个最大面积的图形应该是凸边的，那么就是说它所有的弦都是在这个图形的内部。如图 12－4 所示，AaBC，就有一条弦 AB 是在图形外的。如果我们用 b 弧替代 a 弧线，a 和 b 是对称的，这时候 AbBC 的周长没有改变，但是面积增加了。所以，像 AaBC 这样的图形不可能成为等周长情况下面积最大的图形。也就能证明这个最大面积的图形应该是凸边的图形。接下来我们确定另外一个特性，就是将这个图形的周长分成两个相等部分的弦，必然将这个图形的面积平分。如图 12－5 所示，假设图形 AMBN 是所要求解的图形，MN 弦把图形的周长分成两个相等的部分，那么我们要证明图形 AMN 的面积和图形 MBN 的面积是相等的。这里我们可以用反证的方法，假如一部分的面积大于另一部分，比如图形 AMN 的面积大于

图形 *MBN* 的面积的话，那么将图形 *AMN* 沿 *MN* 线对折，这样我们就得到一个新图形 *AMA′N*，这个图形的面积比原来的图形 *AMBN* 大，但是周长是不变的，所以说图形 *AMBN* 并不是我们想要的图形，因为它不是相同周长中面积最大的。

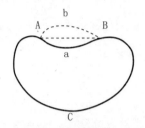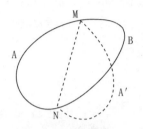

图 12 - 4　确定周长相等而具有最大　　图 12 - 5　假如一条弦将面积最大的凸边形的周
面积的图形应该是凸边形的　　　　长分成了二等份，它也就把面积分成了二等份

在进行下面的证明之前，我们来补充一个定理：所有已知两边长的三角形，面积最大的将是这两个已知边的夹角等于直角的三角形。如果想要证明这点，我们设两边为 *a* 和 *b*，夹角为 *C*，那么三角形的面积为：

$$S = \frac{1}{2}ab\sin C$$

由上式可以看到，在边长固定的情况下，只有当 sin *C* 的值最大的时候也就是等于 1 的时候，公式才会有最大值，而 sin *C* 等于 1，那么角 *C* 就是直角。下面我们就继续来证明我们的问题，就是周长相等的图形中，圆形的面积最大。如图 12 - 6 所示，我们假设有一个非圆的凸边形 *MANBM*，在周长相等的情况下，它有最大的面积，在这个图形上，我们作出将它的周长两等分的弦 *MN*，我们已知这样的弦同样可以将图形的面积分为两等份，我们将三角形 *MKN* 沿着 *MN* 对折，变到和原来图形对称的位置，也就是三角形 *MK′N*。这时候，图形 *MK′NM* 和原来的图形 *MKNM* 的周长和面积都是一样的。因为 *MKN* 弧不是一个半圆周，所以，与线段 *MN* 不成直角的弧上的点是存在的。如果我们假设 *K* 点为其中之一，那么 *K′* 就是和它对称的一点，而且角 *K* 和角 *K′* 都不是直角。我们保持 *MK*、*KN*、*MK′* 和 *NK′* 边的长度不变，然后将它们分开（或移动）时，使得它们之间的夹角 *K* 和 *K′* 变为直角，也就形成两个直角三角形。

这时候两个三角形是全等三角形，如图 12 - 7 所示，这两个三角形被合在一起，用弧线连接它们相应的位置，就得到图形 $M'KN'K'$，它和原图形的周长一样，但是由于直角三角形 $M'KN'$ 和 $M'K'N'$ 的面积要比非直角三角形 MKN 和 $MK'N$ 大一些，所以它的面积也要大一些。那么就说明任何周长相等的非圆形，它们都不可能拥有最大的面积，我们无法作出周长相等却比圆形有更大面积的图形来。这就是证明这个论题的过程，如果想要证明在面积相等的图形中，圆形的周长最短也是很容易的，可以参见我们讲正方形特性中所用到的论证方法。

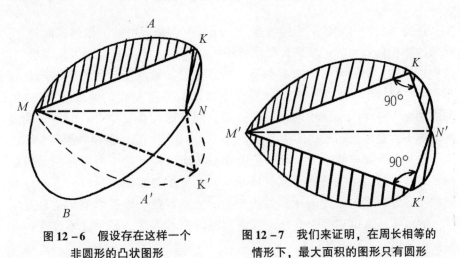

图 12-6　假设存在这样一个　　　　图 12-7　我们来证明，在周长相等的
非圆形的凸状图形　　　　　　　　情形下，最大面积的图形只有圆形

12.6　难拔的钉子

[题]　你觉得什么形状的钉子会比较难拔呢？是圆形还是三角形，抑或是正方形呢？如果这三枚不同形状的钉子钉进去的深度一样，横截面积也是一样的，那么最难拔出来的是哪一枚？

[解]　当钉子和周围的材料接触面积增大，摩擦力就会增加，钉子钉得也就比较牢固。所以这里就是要求出三枚钉子中哪一个的侧面积更大。在面积相同的情况下，我们知道正方形的周长小于三角形，而圆形又比正方形小，所以如果将正方形的边长设为1，那么这三枚钉子的横截面周长分别是：

正方形钉子——4.00

圆形钉子——3.55

三角形钉子——4.53

所以，最难拔出的是三角形的钉子，但是由于这样的钉子比较容易被弯曲弄断，所以在市面上比较少见。

12.7　最大体积是什么形状

前几节我们讲到的圆形的特性，在球形中也是适用的。相同表面积下，球形的体积是最大的；反之，相同体积的物体中，球形的表面积是最小的。这些特性在我们的生活中有着很重要的意义。如果温度计的水银球不是球形，而是圆柱形，那么，温度计受热或冷却后温度变化的速度会快一些。与之相反，餐厅用来烧水的精美茶壶要比圆柱形或者其他形状的茶壶的表面积更小，这样表面散热的速度就会慢一些，达到一定的保温效果。

正是由于同样的原因，地球是由外壳和地核构成的，当表面积受到影响的时候必然会影响体积，减少体积，就会紧缩得更密。所以当它的外部形状受到外力而和原先的球形发生偏差时，内部就会跟着紧缩。这是几何学上的事实，这也和地壳变化以及地震现象有着内在的联系，不过这一点需要由地质学家作具体解释。

12.8　两数之和不变的乘数的积

在前面我们研究的问题中都包含着经济学的观点，比如在同样的体力下走40俄里的路程，怎样才能使这走的40俄里得到最有利的结果，即圈出的地块最大呢？本章探讨几何里的经济学是科普读物里的说法，这类问题在数学中一般被称为"最大值和最小值"的问题。这种题目各种各样，难度各异，有的甚至只能用高等数学解答，但有些比如我们前几节讲的题目用普通的数学知识就能做出来。下面我们就来继续研究两个乘数的和一定，它们的乘积有什么特性。

我们已经知道两个和一定的数的乘积的性质，也就是之前我们证明过正方形的面积是同周长矩形中最大的，如果将几何上的语言转化为算术语言就是，如果想要将一个数一分为二并保证它们的乘积最大，就需要将这个数等分。

比如，在下面所有数字的乘积中，

$$16 \times 14,\ 13 \times 17,\ 11 \times 19,\ 12 \times 18,\ 15 \times 15,\ 10 \times 20$$

每组中两个乘数的和都等于 30，最大的乘积是 15×15，即使用小数来进行乘法计算，比如 14.5×15.5，这两个数的乘积依然没有两个 15 的乘积大。

这个特性同样适用于相同和的三个数的乘积。当三个乘数都相等时，它们的乘积得到最大值。假设有三个乘数 x，y，z，它们的和为 a，也就是说：

$$x + y + z = a$$

我们不妨假设 x 和 y 是不相等的。如果我们用 $\dfrac{x+y}{2}$ 表示和的一半来取代它们中的每一个数，这样数的和不会有变化：

$$\frac{x+y}{2} + \frac{x+y}{2} + z = x + y + z = a$$

但是，根据之前的叙述，因为

$$\frac{x+y}{2} \cdot \frac{x+y}{2} > xy$$

所以，这三个数的乘积：

$$\frac{x+y}{2} \cdot \frac{x+y}{2} \cdot z$$

将会大于 xyz 的乘积：

$$\frac{x+y}{2} \cdot \frac{x+y}{2} \cdot z > xyz$$

所以，只要这三个乘数中其中有两个是不相等的，那么就可以挑选出不改变乘数总和而比三个数乘积更大的数，只有在三个数彼此相等的情况下才是可能的。所以，$x + y + z = a$ 的时候，xyz 的乘积达到最大值的条件为：

$$x = y = z$$

在下面几节中，请你用这个特性来解答一些有趣的题目吧。

12.9 面积最大的三角形是什么

[题] 当三角形的各边之和是固定值的时候，它是什么形状的三角形，

能够有最大的面积？

这个特性我们之前提到过，但是怎样用几何的方法来证明这一点呢？

[解] 根据题目，假如我们已知三角形的三条边为 a，b，c，周长为 $2p$，那么这个三角形的面积 S 为：

$$S = \sqrt{p(p-a)(p-b)(p-c)}$$

两边同时平方，得：

$$\frac{S^2}{p} = (p-a)(p-b)(p-c)$$

从公式中我们能够看出来，三角形的面积的平方 S^2，或者 $\frac{S^2}{p}$ 的值最大的时候，面积 S 的值才最大。公式中的 p 是周长的一半，按照题目中的意思是一个不变的数值。所以这两个部分在等式中是同时得到最大值的，这样问题就简化为，乘积

$$(p-a)(p-b)(p-c)$$

在什么条件下可以达到最大值。由于这三个乘数的和是固定的值：

$$p-a+p-b+p-c = 3p - (a+b+c) = 3p - 2p = p$$

所以，各个乘数相等的时候，能达到最大值，也就是：

$$p-a = p-b = p-c$$

所以就有：

$$a = b = c$$

也就是说，如果周长是已知固定的，那么三角形在三条边相等的情况下面积最大。

12.10　最重的方木梁怎么锯

[题] 如果要把一根圆木锯成一个最重的方木梁，应该怎么做呢？

[解] 这个题目的意思就是要在圆中作出最大面积的矩形，如果前面的知识你已经充分掌握了的话，那么你就会知道最大的矩形也就是正方形，我们可以通过下面的严谨证明来解释这一点。如图 12－8 所示，假如这个矩形的一条边用 x 表示，另一条边就用 $\sqrt{4R^2 - x^2}$ 表示，这段圆木的截面半径用 R 表示，所以矩形面积就是：

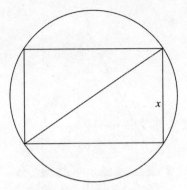

图 12 - 8   最重的方木梁

$$S = x \sqrt{4R^2 - x^2}$$

两边平方，得到：

$$S^2 = x^2(4R^2 - x^2)$$

这样两个乘数也就是 x^2 和 $(4R^2 - x^2)$，它们的和是已知固定的数值，为 $4R^2(x^2 + 4R^2 - x^2 = 4R^2)$，因此它们的乘积 S^2 在 $x^2 = 4R^2 - x^2$，即 $x = \sqrt{2}R$ 的条件下达到最大值。所以这时候的 S 值也就是矩形面积的最大值。

最大面积矩形的一个边长为 $\sqrt{2}R$，也就是这个内接正方形的边长，这样截取的正方形做成的方木梁就会是体积最大的，也是最重的。

12.11   三角形中的矩形

[题]   如果想要在一块三角形的硬纸板上截取一个面积最大的矩形，而且矩形的边还要和三角形的底和高平行，该如何截取呢?

[解]   假设给定的三角形为三角形 ABC（图 12 - 9），那么 $MNOP$ 就是切割下来的矩形，因为三角形 ABC 和三角形 MBN 是相似关系，那么：

$$\frac{BD}{BE} = \frac{AC}{MN}$$

得出：

$$MN = \frac{BE \times AC}{BD}$$

如果矩形的一条边 MN 的长度用 y 来表示，从三角形顶点到 MN 的距离

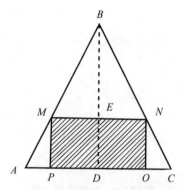

图 12 - 9　在三角形中做一个最大的内接矩形

BE 用 x 表示，三角形边长 AC 用 a 表示，三角形的高度用 h 表示，这样算式就会变为：

$$y = \frac{ax}{h}$$

那么矩形的面积 S 为：

$$S = MN \times NO = MN \times (BD - BE) = (h - x)y = (h - x)\,\frac{ax}{h}$$

那么

$$\frac{Sh}{a} = (h - x)x$$

所以，如果想要使面积 S 达到最大值，就得使乘数 $(h - x)$ 和 x 的乘积达到最大值。因为 h 和 a 已经是定值，那么 $h - x + x = h$ 的和也应该是一个定值，所以：

$$h - x = x$$

的时候它们的乘积是最大的，也就得出：

$$x = \frac{h}{2}$$

这样我们就知道怎样截取这个矩形了，也就是让矩形的 MN 边通过三角形高的中点，并且和三角形两条边的中点相连，这样矩形的一条边为 $\frac{a}{2}$，另一条边就是 $\frac{h}{2}$。

12.12 怎么做出最大的盒子

[题] 一位铁匠师傅收到了一个订单，要求他用一张边长 60 厘米的正方形白铁皮做出一个没有盒盖的盒子，盒子需要有盒底，不过要求是最大的容量。这位铁匠想了好久，每一条边究竟要折进去多宽呢？下面我们就帮铁匠来解答这道题目。

[解] 如图 12–10 所示，假设需要折出的边的宽度为 x 厘米，这样正方形的铁盒子盒底的宽度就是（$60-2x$）厘米，我们就可以算出铁盒的容积 V，用字母表示为：

$$V = (60-2x)(60-2x)x$$

从这个式子我们可以得出，当 x 的数值等于多少的时候，这个式子的乘积才是最大的。三个乘数之和是定值的话，那么就是在这三个数相等的情况下，乘积是最大的。这里这三个乘数的和等于：

$$60-2x+60-2x+x = 120-3x$$

这个数值会随着 x 的变化而变化，不过要想使三个乘数的和为定值很简单，在等号两边乘以 4 就可以了，式子变成了：

$$4V = (60-2x)(60-2x)4x$$

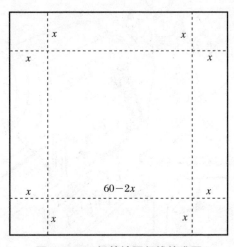

图 12–10 解答铁匠师傅的难题

那么这些乘数的和为：

$$60 - 2x + 60 - 2x + 4x = 120$$

这时候的值就是定值了，也就是达到最大值的时候，$60 - 2x = 4x$，得出最终的结果为：$x = 10$。

这个时候 V 也会达到最大值。这样，我们只需要将每一条边折进去 10 厘米就可以得到容量最大的铁盒。这个铁盒的容积为：$40 \times 40 \times 10 = 16\ 000$ 立方厘米。一旦多折进去 1 厘米，盒子容量就会相应减少，比如：$9 \times 42 \times 42 = 15\ 876$ 立方厘米，容积的确减少了。

12.13　圆锥体中的圆柱体

[题]　现在有一块圆锥体的材料，如图 12–11 工人手里拿的，如果让他将这块圆锥体的材料变为圆柱体，怎样才能车掉最少的材料而得到呢？工人拿着圆锥体开始思考做出的圆柱体是细高形［图 12–12(a)］，还是矮胖形［图 12–12(b)］呢？他想了半天也没有想出什么样形状的圆柱体体积最大而且丢弃的材料最少。你能帮他想想应该怎么做吗？

图 12–11　车工的难题

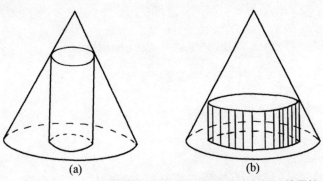

(a)　　　　　　　　　　　(b)

图 12 – 12　从一个圆锥体材料可以车出细长的或者粗短的圆柱。
车成哪一种去掉的材料最少

　　[**解**]　这道题从几何学的角度就可以解答。如图 12 – 13 所示，假设三角形 *ABC* 代表的是圆锥体的截面形状，用 *h* 表示它的高 *BD*，底面半径 *AD* = *DC*，半径用 *R* 表示。假设车出来的圆柱体的截面为 *MNOP*，这样，为了使得圆柱体体积最大，就要求出圆柱的上底和圆锥顶点 *B* 之间的距离 *BE*，我们用 *x* 表示。

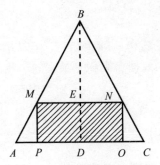

图 12 – 13　圆锥体和圆柱体的
轴线截面

　　这样我们就能求出圆柱的底面半径 *r*，也就是 *PD* 或者 *ME*，得出比例式为：

$$ME : AD = BE : BD$$

　　即

$$r : R = x : h$$

　　解得：

$$r = \frac{Rx}{h}$$

因为圆柱的高为 $(h-x)$，也就是 ED，所以体积等于：

$$V = \pi \left(\frac{Rx}{h} \right)^2 (h-x) = \pi \frac{R^2 x^2}{h^2} (h-x)$$

这样就得到：

$$\frac{Vh^2}{\pi R^2} = x^2 (h-x)$$

在 $\frac{Vh^2}{\pi R^2}$ 中，h、π 和 R 的数值都是恒定的，其中 V 是变数，那么就要找

到一个 x 的值，使得 V 的值最大。我们可以发现，V 会随着 $\frac{Vh^2}{\pi R^2}$，也就是 x^2

$(h-x)$ 变化，它们会同时成为最大值。也就是我们要知道 $x^2(h-x)$ 什么
时候才是最大值呢？这个式子中有三个变量，x、x 和 $(h-x)$。假如它们的
和是固定的值，那么它们的乘积会在它们都相等的情况下最大，如果等式
两边分别乘以 2，那么要想使三个乘数的和是定值，我们就会得到等式：

$$\frac{2Vh^2}{\pi R^2} = x^2 (2h - 2x)$$

右边三个乘数有固定的和 $x + x + 2h - 2x = 2h$。
当这几个数都相等的时候，乘积是最大的，我们得到：

$$x = 2h - 2x, \quad x = \frac{2h}{3}$$

也就是说，当 $x = \frac{2h}{3}$ 时，$\frac{2Vh^2}{\pi R^2}$ 会达到最大值，圆柱的体积 V 也会达到最大

值。所以，计算过后我们知道，应该车出一个怎样的圆柱体了，也就是圆柱
的上底面距离现在圆锥的顶点，自上而下的 $\frac{2}{3}$ 的地方即可。

12.14 拼接长木板的技巧

不知道你有没有这样的经历，想要做什么东西的时候，总会发现现有
尺寸的材料并不能直接拿来用。这时候，你可以凭着几何学的知识来解决。

假如你要做一个书架，那么你就需要一块一定尺寸的木板，假如你只有一块长 75 厘米，宽 30 厘米的木板，而你却想要一个 1 米长，20 厘米宽的木板，如图 12 – 14 所示，怎么才能达到你的目的呢?

图 12 – 14   只能锯三次、拼一次，怎样把木板接到最长

如图 12 – 14 中虚线所示，可以沿着木纹锯下一个 10 厘米宽的木板，然后将木板分成三段长 25 厘米的小木板，其中两段，接到大木板上。按照这样的方法锯三次、拼两次，也不是很麻烦，但是整个木板的牢固程度会降低。有没有一种方法可以提高牢固程度，而且少拼接呢?

[题]   请你想出一个方法，锯三次却只需要拼一次就能得到这块木板。

[解]   如图 12 – 15 所示，我们沿着木板 ABCD 的对角线锯开，这样就得到两块三角形木板，将其中一块三角形木板 ABC 沿着对角线平行地移开一定的距离，这段距离为 C_1E，这段距离等于少的长度，也就是 25 厘米；这样这两块长度加在一起就等于 1 米，然后沿着 AC_1 重新拼接起来，用胶黏好，这时候就会多出两个小三角形，如图中阴影部分，将这两部分锯掉就可以了。

两个三角形 ADC 和 C_1EC 实际上是相似的关系，所以可以得到如下比例式：

$$AD : DC = C_1E : EC$$

那么

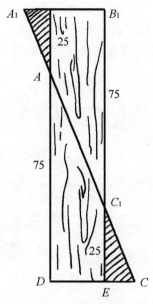

图 12 –15　接长木板的方法

$$EC = \frac{DC}{AD} \times C_1 E$$

得到

$$EC = \frac{30}{75} \times 25 = 10\,(厘米)$$

最后求出

$$DE = DC - EC = 30 - 10 = 20\,(厘米)$$

12. 15　哪条路线最短

　　[题]　如图 12 – 16 所示，如果想在一条河的岸边修建一座水塔，使得水塔可以沿着水管的方向给 A、B 两个村庄供水，那么把水塔建在什么地方才能保证从塔到两个村庄的水管长度是最短的呢？

　　[解]　这是一道研究"极大值和极小值"的问题，只需要用简单的几何作图法就可以得出结果了。其实求水管的长度也就是求从 A 到河岸然后再到 B 的最短距离。如图 12 – 17 所示，我们要求的就是 ACB 的最小值。将

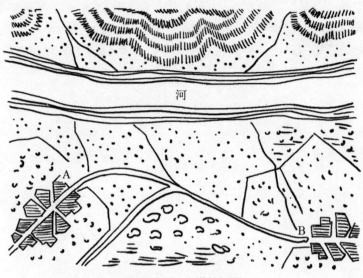

图 12 – 16　水塔的问题

图沿着 CN 线折起来，然后就会得到点 B'，如果 ACB 是最短的路线，$CB' = CB$，也就是说，ACB' 应该小于任何一条其他的线路，比如：ADB'。这样，如果要求最短的线路，只要找出短的路线 AB' 和岸边相交的点 C 就可以了。然后再把 C 和 B 连接起来，这样就得到了从 A 到河岸，再到 B 之间最短的路程了。

　　如图 12 – 17 所示，过 C 点作 QP 垂直于 CN，AC 和 BC 线段与这条垂线所形成的夹角 $\angle ACP$ 和 $\angle BCP$ 两个角应该是相等的，且等于 $\angle B'CQ$，所以 $\angle ACP = \angle B'CQ = \angle BCP$。

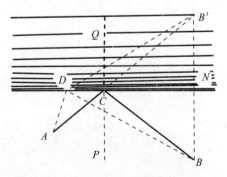

图 12 – 17　选择最短路线的几何解题法

如果你已经学习过物理学中的光学一章，就会觉得这张图非常熟悉，这就是光学的反射定律：入射角等于反射角，也就是说，光线在反射过程中选择的是最短的路线。早在古希腊时期，著名物理学家和几何学家海伦就已经发现这个原理了。